普通高等院校信息类CDIO项目

丛书主编：刘平

传感器与检测技术
（项目教学版）（第二版）

耿 欣　张文静　主 编

商俊平　孔德尉　顾红光　副主编

清华大学出版社

北 京

内 容 简 介

本书是作者在多年教学工作、工程实践经验并结合国内外该领域的教学和技术发展等基础上编写而成的，按照传感器技术在机器人系统中的典型应用分门别类，重点介绍机器人传感器集成应用技术。本书针对常用机器人传感器提供了实际的应用电路，取材新颖、内容丰富、分析详尽。书中每种传感器的应用都按照项目的方式展开，按照实践、理论、再实践的方法，实践过程由易到难，逐步强化读者的传感器技术应用能力。

本书可作为高等学校自动化专业及相关专业传感器类课程的教材或教学参考书，也可供相关技术人员参考。通过对本书的学习和实践，读者可以很快掌握常用传感器技术的基础知识及应用方法。

图书在版编目（CIP）数据

传感器与检测技术：项目教学版/耿欣，张文静主编. —2 版.—北京：清华大学出版社，2023.11
普通高等院校信息类 CDIO 项目驱动型系列教材
ISBN 978-7-302-63219-1

Ⅰ．①传…　Ⅱ．①耿…②张…　Ⅲ．①传感器－检测－高等学校－教材　Ⅳ．①TP212

中国国家版本馆 CIP 数据核字(2023)第 052441 号

责任编辑：贾　斌
封面设计：常雪影
责任校对：胡伟民
责任印制：宋　林

出版发行：清华大学出版社
网　　　址：https://www.tup.com.cn，https://www.wqxuetang.com
地　　　址：北京清华大学学研大厦 A 座　　邮　　编：100084
社　总　机：010-83470000　　　　　　　邮　　购：010-62786544
投稿与读者服务：010-62776969，c-service@tup.tsinghua.edu.cn
质量反馈：010-62772015，zhiliang@tup.tsinghua.edu.cn
课件下载：https://www.tup.com.cn，010-83470236
印　装　者：三河市君旺印务有限公司
经　　销：全国新华书店
开　　本：185mm×260mm　　印　张：13　　　　　　字　　数：330 千字
版　　次：2014 年 2 月第 1 版　　2023 年 11 月第 2 版　　印　次：2023 年 11 月第 1 次印刷
印　　数：1～1500
定　　价：49.00 元

产品编号：089783-01

前　言

本书根据高素质技术应用型人才的培养目标和"以人为本、学以致用"的理念,以必需、够用为度,引导学生根据兴趣和需要有目的、有针对性地学习。

改版后以移动机器人感知系统设计为背景,系统介绍机器人应用相关传感器。全书共分为五大模块、21个传感器应用项目。模块1传感器与检测技术基础知识;模块2定位传感器的应用;模块3避障传感器的应用;模块4环境传感器的应用;模块5速度传感器的应用。

本书的编写突出了以下主要特点。

(1) 在总体结构上,采用"模块+项目"的模式,将实现同一功能的传感器放在同一模块中,每个项目介绍一种传感器的应用,采用结构式描述,易读、易懂、易学、易记。

(2) 在每个项目中,以机器人传感器应用为主线,设计出具体的应用电路,将每个传感器的应用电路放在前面,突出了机器人传感器的实际应用。适当保留理论知识,实践后进行讲解。

内容体系优化源于课程建设的经验积累、长期的课程教学实践和持续改进。通过各个项目的学习,逐步提高学生记忆、理解、应用、分析、评价、创造的能力,培养学生团队合作等职业能力,从课程层面体现OBE的教育理念。

参与本书编写的单位和人员有:沈阳工学院耿欣、张文静、孔德尉、商俊平;通用技术机床沈阳研究院顾红光、叶露潇、马吉人、谢春轶。其中模块1由耿欣、顾红光共同执笔,模块2由张文静、顾红光共同执笔,模块3由耿欣、张文静、顾红光共同执笔,模块4由张文静、耿欣、孔德尉共同执笔,模块5由耿欣、张文静、商俊平共同执笔,全书由耿欣统稿、定稿。本书在编写过程中得到了学校的大力支持和帮助,沈阳工学院公丕国教授、刘惠鑫教授,以及沈阳理工大学刘寅生教授提出了宝贵意见,在此一并表示感谢。

由于编者水平有限,书中难免存在疏漏和不妥之处,敬请读者批评指正。

编　者

2023 年 10 月

目　录

模块 1
传感器与检测技术 基础知识

1.1 项目目标

掌握传感器的静态特性。

1.2 项目分析

通过各种手段查阅传感器静态特性的相关资料,传感器的主要静态特性包括线性度、灵敏度、迟滞性、重复性等。

1.3 项目实施

1. 基本特性

传感器的静态特性是指对输入为不随时间变化的恒定信号时,传感器的输出量与输入量之间的关系。因为输入量和输出量都和时间无关,它们之间的关系,即传感器的静态特性可用一个不含时间变量的代数方程,或以输入量作横坐标,把与其对应的输出量作纵坐标而画出的特性曲线来描述。表征传感器静态特性的主要参数有线性度、灵敏度、分辨力和迟滞等,传感器的参数指标决定了传感器的性能以及选用传感器的原则。

1) 传感器的灵敏度

灵敏度是指传感器在稳态工作情况下输出量变化对输入量变化的比值。传感器的灵敏度示意图如图 1.1 所示。

$$K = \frac{\Delta Y}{\Delta X} \tag{1.1}$$

式中,K 为灵敏度;ΔX 为输入变化量;ΔY 为输出变化量。

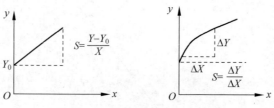

图 1.1 传感器的灵敏度示意图

如果传感器的输出和输入之间为线性关系,则灵敏度 K 是一个常数,即特性曲线的斜率。如果传感器的输出和输入之间为非线性关系,则灵敏度 K 不是一个常数,灵敏度的量纲是输出量与输入量的量纲之比。例如,某位移传感器,在位移变化 1mm 时,输出电压变化为 200mV,则其灵敏度应表示为 200mV/mm。当传感器的输出量与输入量的量纲相同时,灵敏度可理解为放大倍数。

提高灵敏度,可得到较高的测量精度。但灵敏度愈高,测量范围愈窄,稳定性也往往愈差。

例 1.1 某一型号温度传感器,量程为 0~300℃,输出信号为直流电压 1~5V。当温度 $T=150$℃时,输出电压 $U_o'=3.004$V。求:

① 写出该传感器理想的静态特性方程式;

② 该传感器在温度 $T=150$℃时,输出的绝对误差。

解:① 该传感器理想的静态特性是一个线性方程,即

$$\frac{U_o-1}{T-0}=\frac{5-1}{300-0} \tag{1.2}$$

整理式(1.2)得

$$U_o=\frac{1}{75}T+1 \tag{1.3}$$

将 $T=150$ 代入式(1.3)得到该温度点输出的真值为

$$U_o=\frac{1}{75}\times150+1=3(V) \tag{1.4}$$

② 该温度点输出的绝对误差为

$$\Delta U=U_o'-U_o=3.004-3=0.004(V) \tag{1.5}$$

例 1.2 已知某一压力传感器的量程为 0~10MPa,输出信号为直流电压 1~5V。求:

① 该压力传感器的静态特性表达式;

② 该压力传感器的灵敏度。

解:① 由于压力传感器是线性检测装置,所以输入输出应符合下列关系,即

$$\frac{U-1}{P-0}=\frac{5-1}{10-0} \tag{1.6}$$

整理上式得

$$U=0.4P+1 \tag{1.7}$$

② 对该特性方程式求导,得灵敏度为

$$S=\frac{\mathrm{d}U}{\mathrm{d}P}=0.4 \tag{1.8}$$

2) 传感器的线性度

线性度是指实际特性曲线近似理想特性曲线的程度。通常情况下,传感器的实际静态特性输出是一条曲线而非直线。在实际工作中,为使仪表具有均匀刻度的读数,常用一条拟合直线近似地代表实际的特性曲线。拟合直线的选取有多种方法,如将零输出和满量程输出点相连的理论直线作为拟合直线,线性度就是这个近似程度的一个性能指标。传感器的线性度示意图如图1.2所示。

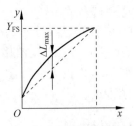

图1.2 传感器的线性度示意图

$$r = \frac{\Delta L_{\max}}{Y_{FS}} \times 100\% \tag{1.9}$$

式中,r 为线性度;$\Delta L_{\max}$ 为实际曲线和拟合直线之间的最大差值;Y_{FS} 为传感器的量程。

3) 传感器的分辨力

分辨力是指传感器可能感受到的被测量的最小变化的能力。也就是说,如果输入量从某一非零值缓慢地变化。当输入变化值未超过某一数值时,传感器的输出不会发生变化,即传感器对此输入量的变化是分辨不出来的。只有当输入量的变化超过分辨力时,其输出才会发生变化。

通常传感器在满量程范围内各点的分辨力并不相同,因此常用满量程中能使输出量产生阶跃变化的输入量中的最大变化值作为衡量分辨力的指标。

4) 传感器的重复性

传感器在输入量按同一方向做全量程多次测试时,所得特性曲线不一致的程度。传感器的重复性示意图如图1.3所示。

$$E = \frac{\Delta_{\max}}{2Y_{FS}} \times 100\% \tag{1.10}$$

式中,E 为重复性;$\Delta_{\max}$ 为多次测量曲线之间的最大差值;Y_{FS} 为传感器的量程。

5) 传感器的迟滞性

传感器的迟滞性指传感器在正向行程(输入量增大)和反向行程(输入量减小)期间,特性曲线不一致的程度。传感器的迟滞特性示意图如图1.4所示。

$$E = \frac{\Delta_{\max}}{2Y_{FS}} \times 100\% \tag{1.11}$$

式中,E 为迟滞误差;$\Delta_{\max}$ 为正向曲线与反向曲线之间的最大差值;Y_{FS} 为传感器的量程。

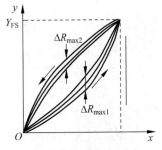

图1.3 传感器的重复性示意图

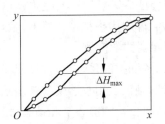

图1.4 传感器的迟滞性示意图

6)传感器的漂移

传感器的漂移是指在外界的干扰下,输出量发生与输入量无关的、不需要的变化。漂移分为零点漂移和灵敏度漂移等。漂移还可分为时间漂移和温度漂移。时间漂移是指在规定的条件下,零点或灵敏度随时间的缓慢变化。温度漂移是指环境温度变化引起的零点或灵敏度的漂移。

2.知识链接

1)传感器的定义

国家标准《传感器通用术语》(GB/T 7665—2005)对传感器的定义是:"能感受规定的被测量并按照一定的规律转换成可用信号的器件或装置,通常由敏感元件和转换元件组成。"传感器是一种检测装置,能感受到被测量的信息,并能将检测感受到的信息按一定规律变换成为电信号或其他所需形式的信息输出,以满足信息的传输、处理、存储、显示、记录和控制等要求。它是实现自动检测和自动控制的首要环节。传感器的输出信号多为易于处理的电量,如电压、电流、频率等。传感器的组成框图如图 1.5 所示。

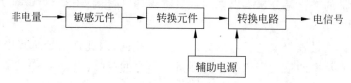

图 1.5　传感器的组成框图

在图 1.5 中,敏感元件是在传感器中直接感受被测量的元件,即被测量通过传感器的敏感元件转换成一个与之有确定关系、更易于转换的非电量。这一非电量通过转换元件被转换成电参量。转换电路的作用是将转换元件输出的电参量转换成易于处理的电压、电流或频率量。应该指出,有些传感器将敏感元件与转换元件合二为一了。

2)传感器分类

根据某种原理设计的传感器可以同时检测多种物理量,而有时一种物理量又可以用几种传感器测量,传感器有很多种分类方法,但目前对传感器尚无一个统一的分类方法。比较常用的有以下 3 种。

① 按传感器的物理量分类,可分为位移、力、速度、温度、湿度、流量等传感器。

② 按传感器工作原理分类,可分为电阻、电容、电感、电压、霍尔、光电、光栅、热电偶等传感器。

③ 按传感器输出信号的性质分类,可分为输出为开关量("1"和"0"或"开"和"关")的开关型传感器、输出为模拟型传感器、输出为脉冲或代码的数字型传感器。

3)传感器数学模型

传感器检测被测量,应该按照规律输出有用信号,因此,需要研究其输出与输入之间的关系及特性,理论上用数学模型来表示输出与输入之间的关系和特性。

传感器可以检测静态量和动态量。输入信号的不同,传感器表现出来的关系和特性也不尽相同。在这里,将传感器的数学模型分为动态和静态两种,本书只研究静态数学模型。

静态数学模型是指在静态信号作用下,传感器输出量与输入量之间的一种函数关系。

表示为

$$y = a_0 + a_1 x + a_2 x^2 + \cdots + a_n x^n \qquad (1.12)$$

式中，x 为输入量；y 为输出量；a_0 为零输入时的输出，也称为零位误差；a_1 为传感器的线性灵敏度，用 K 表示；a_2、$\cdots$、a_n 为非线性项系数。

根据传感器的数学模型，一般把传感器分为以下 3 种。

① 理想传感器，静态数学模型表现为 $y = a_1 x$。

② 线性传感器，静态数学模型表现为 $y = a_0 + a_1 x$。

③ 非线性传感器，静态数学模型表现为 $y = a_0 + a_1 x + a_2 x^2 + \cdots + a_n x^n$（$a_2$、$\cdots$、$a_n$ 中至少有一个不为零）。

模块 2　定位传感器的应用

引入项目

概述

定位传感器是机器人常用的传感器之一,现有的定位传感器的种类很多,如里程计、陀螺、罗盘、摄像头、激光雷达等。而大多数机器人也安装了不只一种用于定位的传感器,不同的传感器组合,采用不同的定位手段,都可以被移动机器人用来定位,现有的定位技术有航迹推算、信号灯定位、基于地图的定位、路标定位、基于视觉的定位等。

定位传感器中包含测距传感器、巡线传感器、寻磁传感器等。本模块从这几个方面入手,介绍机器人的定位传感器,并介绍不同形式定位传感器的相关应用。

模块结构

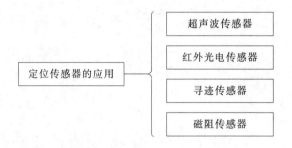

项目 2.1　超声波传感器在距离测量系统中的应用

2.1.1　项目目标

通过超声波传感器距离测量电路的制作和调试,掌握超声波测距传感器的特性、电路原理和调试技能。

以超声波传感器作为检测元件,制作一数字显示距离表。

2.1.2　项目方案

设计基于超声波传感器距离检测系统,以 AT89C52 单片机为核心控制单元,通过对距离信息的采集与处理,获取与当前障碍物的距离,并且通过 LCD1602 显示当前距离。距离检测系统框图如图 2.1 所示。

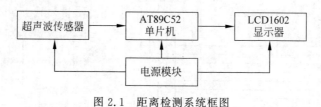

图 2.1　距离检测系统框图

2.1.3　项目实施

1. 电路原理图

此距离测量电路采用 AT89C52 单片机作为主控制器,超声波作为传感器。通过单片机的 IO 引脚进行距离数据的采集,并显示距离。

单片机与距离传感器的电源电压均为 5V,通过编写 C 语言程序,采集距离信息并进行距离信息的显示。超声波测距电路原理图如图 2.2 所示。

此项目主要使用超声波传感器、AT89C52 单片机最小系统、LCD1602 显示器、实验板和电阻等。

2. 实施步骤

(1)准备好单片机最小系统实验板、超声波传感器。

(2)将传感器正确安装在单片机最小系统实验板上。

(3)将编写好的距离测量程序下载到实验板中。此部分查看附录。

超声波传感器距离测量部分程序如下:

```
void Conut(void)
{
 time = TH0 * 256 + TL0;
 TH0 = 0;
 TL0 = 0;
 S = (time * 1.7)/100;                       //算出来是 CM
 if((S >= 700)||flag == 1)                   //超出测量范围显示"-"
 {
  flag = 0;
  DisplayOneChar(0, 1, ASCII[11]);
  DisplayOneChar(1, 1, ASCII[10]);          //显示点
  DisplayOneChar(2, 1, ASCII[11]);
  DisplayOneChar(3, 1, ASCII[11]);
  DisplayOneChar(4, 1, ASCII[12]);          //显示 M
 }
```

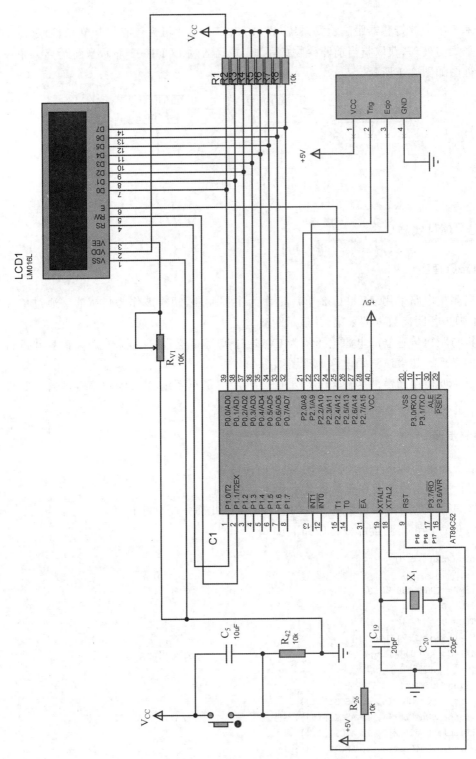

图 2.2 超声波测距电路原理图

```
        else
        {
        disbuff[0] = S % 1000/100;
        disbuff[1] = S % 1000 % 100/10;
        disbuff[2] = S % 1000 % 10  % 10;
        DisplayOneChar(0, 1, ASCII[disbuff[0]]);
        DisplayOneChar(1, 1, ASCII[10]);                //显示点
        DisplayOneChar(2, 1, ASCII[disbuff[1]]);
        DisplayOneChar(3, 1, ASCII[disbuff[2]]);
        DisplayOneChar(4, 1, ASCII[12]);                //显示 M
        }
    }
/ ******************************************************** /
    void zd0() interrupt 1
  {
    flag = 1;
  }
/ ******************************************************** /
    void StartModule()
  {
    TX = 1;
    _nop_();
    _nop_();
    _nop_();
    _nop_();
    _nop_();
    _nop_();
    _nop_();
    _nop_();
    _nop_();
    _nop_();
    _nop_();
    _nop_();
    _nop_();
    _nop_();
    _nop_();
    _nop_();
    _nop_();
    _nop_();
    _nop_();
    _nop_();
    TX = 0;
  }
```

（4）下载完成后，单片机实验板上电，液晶显示器即可显示当前位置与障碍物距离。

（5）改变与当前障碍物距离，观察液晶显示器上距离值的变化，并做好记录和分析。

2.1.4　知识链接

本项目中所采用的超声波传感器的型号是 HC-SR04，HC-SR04 超声波测距模块可提

供 2～400cm 的非接触式距离感测功能,测距精度可达到 3mm;模块包括超声波发射器、接收器与控制电路。超声波传感器模块外形如图 2.3 所示。

+5V
触发信号输入
回响信号输出
GND

图 2.3　超声波传感器模块外形

引脚功能如下。

(1) V_{CC}:电源正极。

(2) GND:电源地。

(3) TRIG:触发信号输入。

(4) ECHO:回响信号输出。

1. 超声波传感器的特性

(1) 典型的工作电压:5V。

(2) 超小的静态工作电流:小于 2mA。

(3) 输出电平:高电平为 5V,低电平为 0V。

(4) 感应角度:不大于 15°。

(5) 探测距离:2～450cm。

(6) 高精度:可达 0.3cm。

2. 超声波传感器的工作原理

超声波传感器是利用超声波的特性研制而成的传感器。超声波是一种振动频率高于声波的机械波,由换能晶片在电压的激励下发生振动产生的。

超声波传感器测距的原理一般采用渡越时间法(Time of Flight,ToF)。其原理为:检测从超声波发射器发出的超声波,经气体介质传播到接收器的时间,即渡越时间。渡越时间与气体中的声速相乘,就是声波传输的距离。超声波测距原理如图 2.4 所示。

超声波发射器向某一方向发射超声波,在发射时刻的同时开始计时,超声波在空气中传播,途中碰到障碍物就立即返回来,超声波接收器收到反射波就立即停止计时。超声波在空气中的传播速度为 v,根据计时器记录的时间 t,就可以计算出发射点距障碍物的距离 s,即

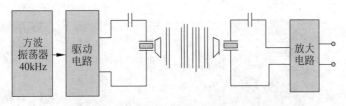

图 2.4　超声波传感器工作原理示意图

$$s = \frac{vt}{2} \qquad\qquad (2.1)$$

该方法又称为时间差测距法。采用超声波测量大气中的地面距离,是近代电子技术发展才获得正式应用的技术,由于超声测距是一种非接触检测技术,不受光线、被测对象颜色等的影响,在较恶劣的环境(如含粉尘)具有一定的适应能力。因此,用途极度广泛。例如,测绘地形图,建造房屋、桥梁、道路,开挖矿山、油井等。利用超声波测量地面距离的方法,是利用光电技术实现的,超声测距仪的优点是:仪器造价比光波测距仪低,省力、操作方便。

由于是利用超声波传感器测距,要测量预期的距离,所以产生的超声波要有一定的功率和合理的频率才能达到预定的传播距离,同时这是得到足够的回波功率的必要条件,只有得到足够的回波功率,接收电路才能检测到回波信号和防止外界干扰信号的干扰。经分析和大量实验表明,频率为 40kHz 左右的超声波在空气中传播的效果最佳,同时为了处理方便,发射的超声波被调制成具有一定间隔的调制脉冲波信号。

阅读资料:超声波原理

声波是物体机械振动状态(或能量)的传播形式。所谓振动是指物质的质点在其平衡位置附近进行的往返运动。譬如,鼓面经敲击后,它就上下振动,这种振动状态通过空气介质向四面八方传播,这便是声波。根据声波的频率范围,声波可分为次声波、声波和超声波。声波的频率界限如图 2.5 所示。

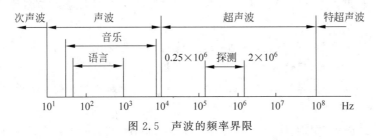

图 2.5　声波的频率界限

① 声波。声波的频率在 16~20 000Hz、能为人耳所闻的机械波。

② 次声波。次声波是频率低于 16Hz 的机械波。人耳听不到,但是可与人体器官发生共振。7~8Hz 的次声波会引起人的恐怖感,动作不协调,甚至导致心脏停止跳动。

③ 超声波。超声波是频率高于 20 000Hz 的机械波。众所周知,蝙蝠能够发出和接收超声波,依靠超声波进行捕食,如图 2.6 所示。

11

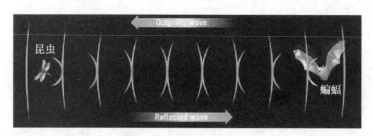

图 2.6　蝙蝠捕食示意图

　　超声波的特性是频率高、波长短、绕射现象小。它最显著的特性是方向性好,且在液体、固体中衰减很小,穿透本领大,尤其是在阳光不能透过的固体中,它可穿透几十米的深度。碰到介质分界面会产生明显的反射和折射,碰到活动物体能产生多普勒效应,因此超声波检测广泛应用在工业、国防、生物医学等方面。

　　在本项目中,HC-SR04 超声波传感器的工作原理如下。

　　(1) 采用 IO 口 TRIG 脚触发测距,给出最少 $10\mu s$ 的高电平信号。

　　(2) 模块自动发送 8 个 40kHz 的方波,自动检测是否有信号返回。

　　(3) 若有信号返回,则通过 IO 口 ECHO 脚输出一个高电平,高电平持续的时间就是超声波从发射到返回的时间。测试距离＝(高电平时间×声速)/2。

　　阅读资料:超声波传感器的种类

　　以超声波作为检测手段,必须产生超声波和接收超声波。完成这种功能的装置就是超声波传感器,习惯上称为超声换能器或者超声探头。超声波传感器按照其工作原理,可分为压电式、磁致伸缩式、电磁式等,以压电式最为常用。

　　(1) 压电式超声波传感器。

　　压电式超声波传感器是利用压电材料的压电效应原理,压电效应有逆效应和顺效应,实际上是利用压电晶体的谐振来工作的。常用的压电材料主要有压电晶体和压电陶瓷。

　　根据正、逆压电效应的不同,压电式超声波传感器可分为发生器(发射探头)和接收器(接收探头)两种。利用逆压电效应将高频电振动转换成高频机械振动,产生超声波,以此作为超声波的发生器。而利用正压电效应将接收的超声波振动转换成电信号,以此作为超声波的接收器。

　　① **压电式超声波发生器**。压电式超声波发生器是利用逆压电效应原理,将高频电振动转换成高频机械振动,从而产生超声波。当外加交变电压的频率等于压电材料的固有频率时会产生共振,此时产生的超声波最强。压电式超声波传感器可以产生几十千赫到几十兆赫的高频超声波,其声强可达几十瓦每平方厘米。

　　② **压电式超声波接收器**。压电式超声波接收器是利用正压电效应原理进行的,当超声波作用在压电晶片上时引起晶片伸缩,在晶片的两个表面上便产生极性相反的电荷,这些电荷转换成电压经放大后送到检测电路,最后记录或显示出来。

发射器发出的超声波以速度 v 在空气中传播,在到达被测物体时被反射回来,由接收器接收,由于超声波也是一种声波,其声速 v 与温度有关,表2.1列出了几种不同温度下的声速。在使用时,如果温度变化不大,则可认为声速是基本不变的。如果测距精度要求很高,则应通过温度补偿的方法加以校正。

表 2.1　超声波波速与温度的关系

温度/℃	−30	−20	−10	0	10	20	30	100
声速/m·s^{-1}	313	319	325	323	338	344	349	386

超声波传感器的检测方法有两种,即反射式和直射式。前者将发送的超声波通过被测物体反射后由探头接收,有的换能器既用作发射器又兼作接收器,也有的发送器和接收器放置在被侧物体的同一侧;后者工作时发射和接收传感器分别置于被测物体的两侧。

典型的压电式超声波传感器的结构主要由压电晶片、吸收块(阻尼块)、保护膜等组成。其结构如图2.7所示。压电晶片多为圆形板,超声波频率与其厚度成反比。压电晶片的两面镀有银层,作为导电的极板,底面接地,上面接至引出线。为了避免传感器与被测件直接接触而磨损压电晶片,在压电晶片下黏合一层保护膜,吸收块的作用是降低压电晶片的机械品质,吸收超声波能量。

(2) 磁致伸缩式超声波传感器。

磁致伸缩式超声波传感器的工作原理是基于铁磁材料的磁致伸缩效应。铁磁材料在交变的磁场中沿着磁场方向产生伸缩的现象,称为磁致伸缩效应。磁致伸缩效应的强弱即

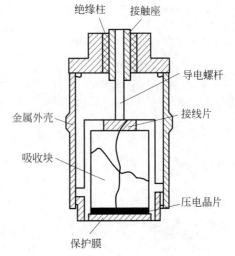

图 2.7　压电式超声波传感器的结构

材料伸长或缩短的程度,因铁磁材料的不同而各异。镍的磁致伸缩效应最大,如果先加一定的直流磁场,再通以交变电流时,它可以工作在特性最好的区域。磁致伸缩传感器的材料除镍外,还有铁钴钒合金和含锌、镍的铁氧体。它们的工作效率范围较窄,仅在几万赫以内,单功率可达 100 000W,且能耐较高的温度。

磁致伸缩式超声波发生器是把铁磁材料置于交变磁场中,使它产生机械尺寸的交替变化即机械振动,从而产生出超声波。它是用几个厚 0.1～0.4mm 的镍片叠加而成,片间绝缘以减少涡流损失,其结构形状有矩形和窗型等。

磁致伸缩式超声波传感器的原理是:当超声波作用在磁致伸缩材料上时,引起材料伸缩,使它的内部磁场发生改变。根据电磁感应原理,磁致伸缩材料上所绕的线圈里便获得感应电动势。此电动势送至测量电路,最后记录或显示出来。

3. 超声波传感器的操作流程

主控制器对超声波传感器的操作采用计时的方式,利用单片机的定时计数功能来实现,主控制器对超声波传感器的操作流程主要包括启动模块、脉冲计数、距离计算 3 个步骤。

(1) 启动模块

在启动模块步骤中,需要通过单片机 IO 给 TRIG 引脚输入高电平,并保持至少 $10\mu s$ 的时间,通过这种方式可以触发测距。

启动模块程序语句如下:

```
void StartModule()
  {
      TX = 1;
      _nop_();
      _nop_();
      _nop_();
      _nop_();
      _nop_();
      _nop_();
      _nop_();
      _nop_();
      _nop_();
      _nop_();
      _nop_();
      _nop_();
      _nop_();
      _nop_();
      _nop_();
      _nop_();
      _nop_();
      _nop_();
      _nop_();
      _nop_();
      TX = 0;
  }
```

启动超声波传感器后,自动发送 8 个 40kHz 的方波,自动检测是否有信号返回。

(2) 脉冲计数

当有信号返回时,通过 ECHO 脚输出一个高电平,高电平持续的时间就是超声波从发射到返回的时间。

具体程序语句如下:

```
while(!RX);
TR0 = 1;
while(RX);
TR0 = 0;
```

其中,RX 即为 ECHO 引脚,当 ECHO 引脚为高电平时,开启计时;当 ECHO 引脚为低电平时,关闭计时,此时定时器存储器的值为超声波从发射到返回的时间。

（3）距离计算

根据式（2.1），其中超声波在空气中的传播速度为 340m/s，超声波从发射到返回的时间为 t，距离为 s，则

$$s = \frac{340t}{2} = 170t \tag{2.2}$$

具体程序语句如下：

```
time = TH0 * 256 + TL0;
S = (time * 1.7)/100;
```

其中，获取的时间单位为 μs；距离单位为 cm。

4. 超声波传感器的应用

超声波传感器的适用范围：家用电器及其他电子设备的超声波遥控装置；超声测距及汽车倒车防撞装置；液面探测；超声波接近开关及其他应用的超声波发射与接收。

超声波可在气体、液体、固体、固熔体等介质中有效传播；超声波可传递很强的能量；超声波会产生反射、干涉、叠加和共振现象；超声波在液体介质中传播时，可在界面上产生强烈的冲击和空化现象。由于超声波具有以上特性，因此超声波检测已广泛用于实际应用中，主要有以下几方面。

（1）超声检验。超声波的波长比一般声波要短，具有较好的方向性，而且能透过不透明物质，这一特性已被广泛用于超声波探伤、测厚、测距、遥控和超声成像技术。超声成像是利用超声波呈现不透明物内部形象的技术。把从换能器发出的超声波经声透镜聚焦在不透明试样上，从试样透出的超声波携带了被照部位的信息（如对声波的反射、吸收和散射的能力），经声透镜汇聚在压电接收器上，所得电信号输入放大器，利用扫描系统可把不透明试样的影像显示在荧光屏上。超声成像技术已在医疗检查方面获得普遍应用；在微电子器件制造业中用来对大规模集成电路进行检查；在材料科学中用来显示合金中不同组分的区域和晶粒间界等。

（2）超声处理。利用超声波的机械作用、空化作用、热效应和化学效应，可进行超声焊接、钻孔、固体粉碎、乳化、脱气、除尘、去锅垢、清洗、灭菌、促进化学反应和进行生物学研究等，在工矿业、农业、医疗等各个部门获得了广泛应用。

2.1.5　项目总结

通过本项目的学习，应掌握以下知识重点：①理解超声波传感器的特性；②理解测距电路的原理。

通过本项目的学习，应掌握以下实践技能：①能正确使用超声波传感器；②掌握测距电路的调试方法；③掌握超声波传感器的测距方法。

项目 2.2　红外光电传感器在测距系统中的应用

2.2.1　项目目标

通过红外传感器测距电路的制作和调试，掌握红外传感器的特性、测距电路原理和调试

技能。

以红外传感器作为检测元件,制作数字显示距离表。

2.2.2　项目方案

设计基于红外传感器 GP2Y0A02YK0F 距离检测系统,以 AT89C52 单片机为核心控制单元,通过对距离信息的采集与处理,获取与当前障碍物距离,并且通过 LCD1602 显示当前距离。距离检测系统框图如图 2.8 所示。

图 2.8　距离检测系统框图

2.2.3　项目实施

1．电路原理图

此距离测量电路采用 AT89C52 单片机作为主控制器,GP2Y0A02YK0F 作为距离传感器。通过单片机的 IO 引脚进行距离数据的采集,并进行距离的显示。

单片机与红外传感器的电源电压均为 5V,通过编写 C 语言程序,采集距离信息,并且进行距离信息的显示。GP2Y0A02YK0F 测距电路原理如图 2.9 所示。

此项目主要使用以下器件:红外光电测距传感器 GP2Y0A02YK0F、AT89C52 单片机最小系统、LCD1602 显示器、A/D 转换器、实验板、电阻等。

2．实施步骤

(1) 准备好单片机最小系统实验板、红外传感器 GP2Y0A02YK0F。

(2) 将传感器正确安装在单片机最小系统实验板上。

(3) 将编写好的距离测量程序下载到实验板中。此部分可查看附录。

红外传感器距离测量部分程序如下:

```
PCF8591_SendByte(AddWr,2);
                ADtemp = PCF8591_RcvByte(AddWr);
                if((ADtemp >= 102)&&(ADtemp <= 143))
                 {
                 ADtemp = 68 - (75 * ADtemp/204);
                 }
                if((ADtemp < 102)&&(ADtemp >= 51))
                {
                   ADtemp = 100 - (40 * ADtemp/51);
                }
                if((ADtemp < 51)&&(ADtemp >= 21))
                {
```

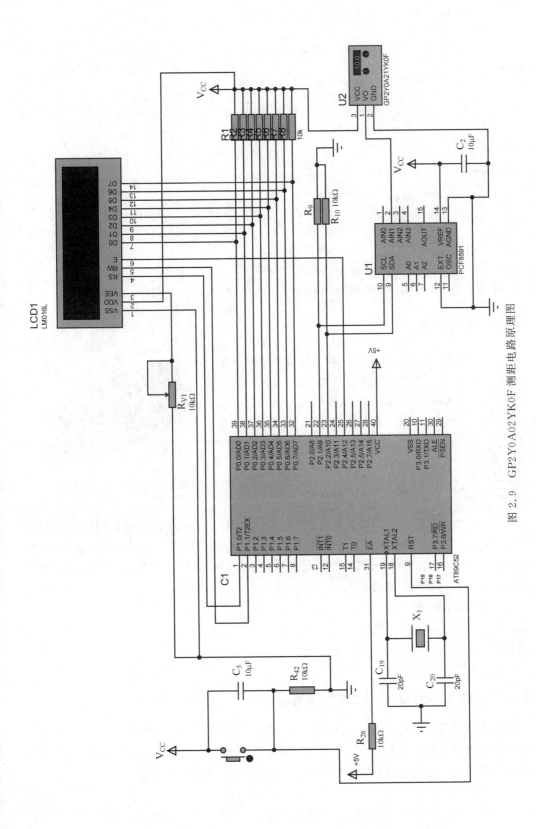

图 2.9 GP2Y0A02YK0F 测距电路原理图

```
        ADtemp = 210 - (150 * ADtemp/51);
    }
    if  ((ADtemp < 21)||(ADtemp > 143))
    {
    FirstLine[1] = 'e';
    FirstLine[2] = 'r';
    FirstLine[3] = 'r';
    FirstLine[4] = 'o';
    FirstLine[5] = 'r';
    ShowString(0,FirstLine);
    }
    TempData[2] = ADtemp/100;
    TempData[3] = (ADtemp % 100)/10;
    TempData[8] = ADtemp % 10;
    disp();
```

（4）下载完成后，单片机实验板上电，液晶显示器即可显示与当前障碍物的距离。

（5）改变当前障碍物距离，观察液晶显示器上距离值的变化，并做好记录和分析。

2.2.4　知识链接

GP2Y0A02YK0F 红外光电传感器由夏普公司开发制作。图 2.10 所示为红外光电传感器实物。

GP2Y0A02YK0F 有 3 个端口，其中 V_{CC} 接信号输入，VO 接 PCF8591 的 AIN3，GND 接地线。由于采用三角测量方法，各种物体的反射率、对环境温度和工作时间距离检测不容易产生影响。

图 2.10　光电传感器实物

1. 红外传感器 GP2Y0A02YK0F 的特性

（1）它是一个距离测量传感器装置，由 PSD 集成组合（位置敏感探测器）、IRED（红外发光二极管）和信号处理电路组成。其工作原理是基于三角测量原理。红外发射器按照一定的角度发射红外光束，当遇到物体后，光束会反射，发射物体的颜色、反射率、环境温度和操作持续时间是不容易影响距离检测的。

（2）输出距离：20～150cm。

（3）输出可直接连接微控制器。

（4）输出端电压：在 150cm 标准值为 0.4V。

（5）平均电流功耗为 33mA。

2. 红外传感器 GP2Y0A02YK0F 的工作原理

红外光电测距传感器 GP2Y0A02YK0F 的工作原理是基于光电效应。红外线测距是利用红外光来传送控制指令信号，因此，作为红外测距中红外光发射器件的红外发光二极管和红外光接收器件的红外光敏管，是构成红外测距系统的基本器件。

（1）红外线发射器件

红外线发射器件中最常用的为红外发光二极管，它与普通发光二极管的结构、原理以及制作工艺基本相同,都是只有一个 PN 结的半导体器件,只是所用材料不同,制造红外发光二极管的材料有砷化钾、砷铝钾等,其中应用最多的是砷化钾。

红外发光二极管一般采用环氧树脂、玻璃、塑料等封装,除有白色透明材料封装外,还可见到用蓝色透明材料封装的。红外发光二极管按发光功率的大小,可分为小功率、中功率、大功率 3 种。另外,红外发光二极管除顶面发光型外,还有侧面发光型。小功率管一般采用全塑封装,也有部分是采用陶瓷底座,顶端用玻璃或环氧树脂透镜封装的;中大功率管一般采用带螺纹金属底座,以便安装散热片。随着发光功率的提高,相应地管子体积也增大。

阅读资料:红外发光二极管的主要参数

(1)正向工作电流 I_f

它是指红外发光二极管长期工作时允许通过的最大平均电流,因为电流通过 PN 结时要消耗一定的功率而引起管子发热,如管子长期超过 I_f 运行,会因过热而烧毁,因此,使用的最大平均正向工作电流不得超过 I_f。

(2)光功率 P。

它是指输入到发光二极管的电功率转化为光输出功率的那一部分。光功率越大,发射距离越远。

(3)峰值波长 λ_p。

它是指红外发光二极管所发出近红外光中,光强最大值所对应的发光波长。在选用红外接收管时,其受光峰值波长应尽量靠近 λ_p。

(4)反向漏电流 I_r。

它是指管子未被反向击穿时反向电流的大小,希望它越小越好。

(5)响应时间 t_0。

由于红外发光二极管 PN 结电容的存在,影响了它的工作频率。现在,红外发光二极管的响应时间一般为 $10^{-6} \sim 10^{-7}$ s,最高工作频率为几十兆赫。

---

(2)红外线测距的原理

红外测距传感器利用红外信号遇到障碍物距离的不同其反射的强度也不同的原理,进行障碍物远近的检测。

红外测距传感器具有一对红外信号发射与接收二极管,发射管发射特定频率的红外信号,接收管接收这种频率的红外信号,当红外的检测方向遇到障碍物时,红外信号反射回来被接收管接收,经过处理之后,通过数字传感器接口返回到机器人主机,机器人即可利用红外返回信号来识别周围环境的变化。利用的是红外线传播时的不扩散原理。因为红外线在穿越其他物质时折射率很小,所以长距离的测距仪都会考虑红外线,而红外线的传播是需要时间的,当红外线从测距仪发出碰到反射物被反射回来被接收到,再根据红外线从发出到被接收到的时间及红外线的传播速度就可以算出距离。红外线的工作原理:利用高频调制的红外线在待测距离上往返产生的相位移推算出光束度越时间 Δt,从而根据 $D = C \Delta t / 2$ 得到距离 D。

红外传感器的测距基本原理:红外发射电路的红外发光管发出红外光,经障碍物反射后,由红外接收电路的光敏接收管接收前方物体反射光,据此判断所测的距离。根据发射光的强弱也可以判断物体的距离,由于接收管接收的光强是随反射物体的距离变化而变化的,因而,距离近则反射光强,距离远则反射光弱。

因为红外线是介于可见光和微波之间的一种电磁波,因此它不仅具有可见光直线传播、反射、折射等特性,还具有微波的某些特性,如较强的穿透能力和能贯穿某些不透明物质等。红外传感器包括红外发射器件和红外接收器件。自然界的所有物体只要温度高于绝对零度都会辐射红外线,因而,红外传感器须具有更强的发射和接收能力。

阅读资料:红外光电传感器的分类

常见红外传感器可分为热传感器和光子传感器。

(1) 热传感器。

热传感器是利用入射红外辐射引起的传感器温度变化,进而使有关物理参数发生相应的变化,通过测量有关物理参数的变化来确定红外传感器所吸收的红外辐射。

热传感器的主要优点是响应波段宽,可以在室温条件下工作,使用简单。但是,热传感器响应时间较长,灵敏度较低,一般用于低频调制的场合。

热传感器主要类型有热敏电阻型、热电偶型、高莱气动型和热释电型 4 种类型。

① 热敏电阻型传感器。热敏电阻是由锰、镍、钴的氧化物混合后烧解而成的,热敏电阻一般制成薄片状,当红外辐射照射在热敏电阻上时,其温度升高,电阻值减小。测量热敏电阻值变化的大小,即可得知入射红外辐射的强弱,从而可以判断产生红外辐射物体的温度。

② 热电偶型传感器。热电偶是由热电功率差别较大的两种材料制成。当红外辐射到这两种金属材料构成的闭合回路的接点上时,该接点温度升高。而另一个没有被红外辐射辐照的接点处于较低的温度,此时,在闭合回路中将产生温差电流。同时回路中产生温差电势,温差电势的大小反映了接点吸收红外辐射的强弱。

利用温差电势现象制成的红外传感器称为热电偶型红外传感器,因其时间常数较大,响应时间较长,动态特性较差,故调制频率应限制在 10 Hz 以下。

③ 高莱气动型传感器。高莱气动型传感器是利用气体吸收红外辐射后,温度升高、体积增大的特性,来反映红外辐射的强弱。它有一个气室,以一个小管道与一块柔性薄片相连。薄片的背向管道一面是反射镜。气室的前面附有吸收模,它是低热容量的薄膜。红外辐射通过窗口入射到吸收膜上,吸收膜将吸收的热能传给气体,使气体温度升高、气压增大,从而使柔镜移动。在气室的另一边,一束可见光通过栅状光阑聚焦在柔镜上,经柔镜反射回来的栅状图像又经过栅状光阑投射到光电管上。当柔镜因压力变化而移动时,栅状图像与栅状光阑发生相对位移,使落到光电管上的光量发生改变,光电管的输出信号也发生变化,这个变化量就反映出入射红外辐射的强弱。这种传感器的特点是灵敏度高、性能稳定;但响应时间较长、结构复杂、强度较差,只适合于实验室内使用。

④ 热释电型传感器。热释电型传感器是一种具有极化现象的热晶体或称"铁电体"。铁电体的极化强度(单位面积上的电荷)与温度有关。当红外线辐射照射到已经极化的铁电体薄片表面上时,引起薄片温度升高,使其极化强度降低,表面电荷减少,这相

当于释放一部分电荷,所以叫做热释电型传感器。如果将负载电阻与铁电体薄片相连,则负载电阻上便产生一个电信号输出。输出信号的大小取决于薄片温度变化的快慢,从而反映入射红外辐射的强弱。由此可见,热释电型红外传感器的电压响应率正比于入射辐射变化的速率。当恒定的红外辐射照射在热释电型传感器上时,传感器没有电信号输出。只有铁电体温度处于变化过程中,才有电信号输出。所以,必须对红外辐射进行调制(或称斩光),使恒定的辐射变成交变辐射,不断引起传感器的温度变化,才能导致热释电产生,并输出交变信号。

(2) 光子传感器。

光子传感器是利用某些半导体材料在入射光照射下,产生光子效应,使材料电学性质发生变化。通过测量电学性质的变化可知红外辐射的强弱。利用光子效应所制成的红外传感器,统称为光子传感器。光子传感器的主要特点是灵敏度高、响应速度快、具有较高的响应频率。但由于其一般要在低温下工作,导致探测波段较窄。

按照光子传感器的工作原理,一般分为内光电和外光电两种传感器,后者又可分为光电导传感器、光生伏特传感器和光磁电传感器等3种。

① 外光电传感器(PE器件)。当光辐射在某些材料的表面上时,若入射光的光子能量足够大时,就能使材料的电子逸出表面,这种现象叫作外光电效应或光电子发射效应。光电二极管、光电倍增管等便属于这种类型的电子传感器。它的响应速度比较快,一般只需几毫微秒。但电子逸出需要较大的光子能量,只适宜于近红外辐射或可见光范围内使用。

② 光电导传感器(PC器件)。当红外辐射照射在某些半导体材料表面上时,半导体材料中有些电子和空穴可以从原来不导电的束缚状态变为能导电的自由状态,使半导体的电导率增加,这种现象叫做光电导现象。利用光电导现象制成的传感器称为光导传感器,如硫化铅、硒化铅、锑化铟、碲隔汞等材料都可制光电导传感器。使用光电导传感器时,需要制冷和加一定的偏压;否则会使响应率降低、噪声增大、响应波段变窄,以致使红外线传感器损坏。

③ 光生伏特传感器(PU器件)。当红外辐射照射在某些半导体材料的PN结上时,在结内电场的作用下,自由电子移向N区,如果PN结开路,则在PN结两端便产生一个附加电势,称为光生电动势。利用这个效应制成的传感器称为PN结传感器。常用的材料有砷化铟、锑化铟、碲化汞、碲锡铅等几种。

④ 光磁电传感器(PEM器件)。当红外辐射照射在某些半导体材料表面上时,半导体材料中有些电子和空穴将向内部扩散,在扩散中若受强磁场的作用,电子与空穴则各偏向一方,因而产生开路电压,这种现象称为光磁电效应。利用此效应制成的红外传感器,叫做光磁电传感器。

光磁电传感器不需制冷,响应波段可达 $7\mu m$ 左右,时间常数小,响应速度快,不用加偏压,内阻极低,噪声小,有良好的稳定性和可靠性。但其灵敏度低,低噪声前置放大器制作困难,因而影响了应用。

3. 红外传感器 GP2Y0A02YK0F 的操作流程

红外传感器 GP2Y0A02YK0F 输出的信号为模拟信号,单片机可以处理的信号为数字信号,因此需要在整个系统中加入 A/D 转换模块,在本设计项目中,使用 PCF8591 A/D 转换器,为 8 位的 A/D 转换器,可以由 4 路模拟量输入通道,其 PCF8591 与红外传感器之间的接线原理如图 2.11 所示。

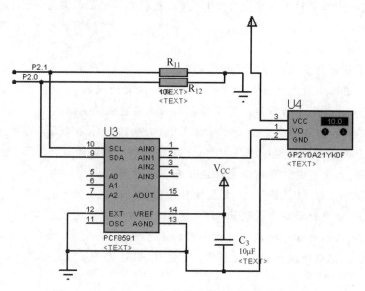

图 2.11　PCF8591 与红外传感器之间的接线原理图

红外传感器 GP2Y0A02YK0F 输出的模拟电压与测量距离之间的关系如图 2.12 所示。

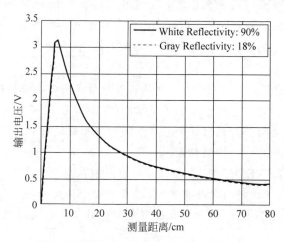

图 2.12　模拟电压与测量距离之间的关系

根据图 2.12 所示内容,红外传感器 GP2Y0A02YK0F 在测量距离为 15cm 以下时,跳跃性较大,对于红外传感器 GP2Y0A02YK0F 来说,距离为 15～150cm 时,测量值较为准确,此时距离与输出的模拟电压值为非线性,因此在测量时需要分段进行。

红外传感器 GP2Y0A02YK0F 测距程序如下:

```
if((ADtemp > = 102)&&(ADtemp < = 143))
                {
                ADtemp = 68 - (75 * ADtemp/204);
                }
                if((ADtemp < 102)&&(ADtemp > = 51))
                {
                  ADtemp = 100 - (40 * ADtemp/51);
                }
                if((ADtemp < 51)&&(ADtemp > = 21))
                {
                  ADtemp = 210 - (150 * ADtemp/51);
                }
```

在测量距离时,分成以下几段:分别是 $15\sim40cm$、$40\sim60cm$、$60\sim150cm$。每段均可认为是线性的,可按照线性关系进行处理。

4.红外传感器的应用

红外传感器的应用主要体现在以下几个方面。

(1)红外辐射计:用于辐射和光谱辐射测量。

(2)搜索和跟踪系统:用于搜索和跟踪红外目标,确定其空间位置并对其运动进行跟踪。

(3)热成像系统:能形成整个目标的红外辐射分布图像。

(4)红外测距系统:实现物体间距离的测量。

(5)通信系统:红外线通信是无线通信的一种方式。

(6)混合系统:是指以上各类系统中的两个或多个的组合。

2.2.5　项目总结

通过本项目的学习,应掌握以下知识重点:①理解红外传感器的特性;②理解测距电路的原理。

通过本项目的学习,应掌握以下实践技能:①能正确使用红外传感器;②掌握测距电路的调试方法;③掌握红外传感器的测距方法。

项目 2.3　寻迹传感器 RPR220 在智能寻迹系统中的应用

2.3.1　项目目标

通过红外寻迹传感器电路的制作和调试,掌握红外寻迹传感器的特性、电路原理和调试技能。

以红外寻迹传感器作为检测元件,制作一智能寻迹小车。

2.3.2　项目方案

设计基于红外寻迹传感器 RPR220 温度检测系统,以 AT89C52 单片机为核心控制单

23

元,通过对黑线信息采集与处理,获取当前信息,并能够控制智能小车巡线行走。智能寻迹系统框图如图 2.13 所示。

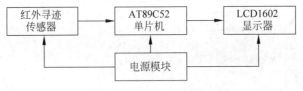

图 2.13　智能寻迹系统框图

2.3.3　项目实施

1. 电路原理图

此智能寻迹系统电路采用 AT89C52 单片机作为主控制器,RPR220 作为寻迹传感器。通过单片机的 IO 引脚进行路线的采集,并控制智能小车的行走路线。

单片机与寻迹传感器的电源电压均为 5V,使用 C 语言程序,编写智能小车的行走路线。智能寻迹系统原理图如图 2.14 所示。

此项目主要使用以下器件:巡线传感器 RPR220、单片机最小系统 AT89C52、直流电机、直流稳压电源、实验板、电阻等。

2. 实施步骤

(1) 准备好单片机最小系统实验板、寻迹传感器 RPR220。

(2) 将传感器正确安装在单片机最小系统实验板上。

(3) 将编写好的寻迹程序下载到实验板中。此部分查看附录。

寻迹传感器控制部分程序如下:

```
while(1)  //无限循环
   {

      if(Left_1_led == 0&&Right_1_led == 0)
      run();
      else if(Left_1_led == 1&&Right_1_led == 0)
         {
            leftrun();
         }
      else if(Right_1_led == 1&&Left_1_led == 0)
         {
            rightrun();
         }
      else
         stop();
   }
```

(4) 下载完成后,单片机实验板上电,小车即按照预定的路线行走,并做好记录和分析。

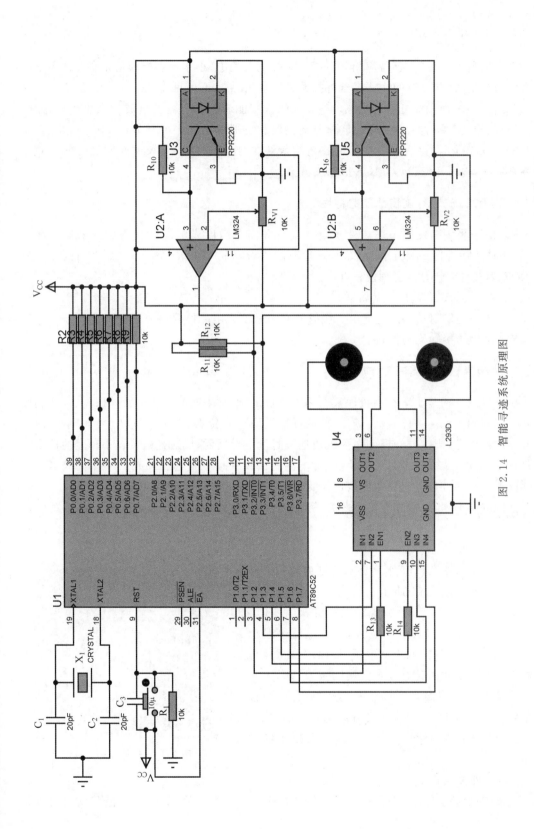

图 2.14 智能寻迹系统原理图

2.3.4 知识链接

一般情况下,寻迹传感器应用于智能小车控制系统中,小车寻迹指的是小车在白色地板上循黑线行走,通常采取的方法是红外探测法。红外线是不可见光线。所有高于绝对零度(−273.15℃)的物质都可以产生红外线。人的眼睛能看到的可见光按波长从长到短排列,依次为红、橙、黄、绿、青、蓝、紫。其中,红光的波长范围为 $0.62\sim0.76\mu m$;紫光的波长范围为 $0.38\sim0.46\mu m$。比紫光波长还短的光叫紫外线,比红光波长还长的光叫红外线。除了此种方法外,也可用 CCD、CMOS 摄像头方案。

1. RPR220 光电寻迹传感器的特性

RPR220 采用高发射功率红外光电二极管和高灵敏度光电晶体管组成。采集距离很短。实践检测中加上 5V 电压时,最佳的检测距离为 $0.1\sim20cm$。因此,在驾车时要充分考虑 RPR220 的检测距离,合理设置好高度。

ST168 寻迹传感器的特点如下。

(1) 采用高发射功率红外光电二极管和高灵敏度光电晶体管组成。

(2) 采用非接触检测方式。

2. 光电寻迹传感器的工作原理

小车寻迹指的是小车在白色地板上循黑线行走,通常采取的方法是红外探测法,即利用红外线在不同颜色的物体表面具有不同的反射性质这一特点,在小车行驶过程中不断地向地面发射红外光,当红外光遇到白色纸质地板时发生漫反射,反射光被装在小车上的接收管接收;如果遇到黑线则红外光被吸收,小车上的接收管接收不到红外光。单片机依据是否收到反射回来的红外光来确定黑线的位置和小车的行走路线。

常用的红外探测元件有红外发光管、红外接收管、红外接收头及一体化红外发射接收管。

(1) 红外发光管

红外发光管主要以红外发光二极管为主。红外发光二极管实物如图 2.15 所示。

红外发光二极管外形和普通发光二极管 LED 相似,发出红外光。管压降约 1.4V,工作电流一般小于 20mA。为了适应不同的工作电压,回路中常常串有限流电阻。红外线发射管有 3 个常用的波段,即 850nm、875nm、940nm。根据波长的特性运用的产品也有很大的差异,850nm 波长主要用于红外线监控设备,875nm 波长主要用于医疗设备,940nm 波长主要用于红外线控制设备。

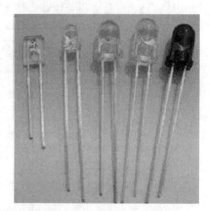

图 2.15 红外发光二极管

(2) 红外接收管

光敏二极管与光敏三极管一般作为红外接收管。无光照时,有很小的饱和反向漏电流

（暗电流）。此时光敏管不导通。当有光照时，饱和反向漏电流马上增加，形成光电流，在一定的范围内它随入射光强度的变化而增大。光敏二极管和光敏三极管的区别是，光敏三极管具有放大作用。红外接收管实物如图 2.16 所示。

（3）一体化红外发射接收管

将红外发射管、红外接收管紧凑地安装在一起，靠反射光来判断前方是否有物体。有TCRT5000、RPR220 等集成电路。

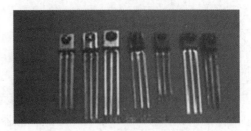

图 2.16　红外接收管

3. RPR220 寻迹传感器的操作流程

模块的工作电压可接直流 3.3V 或直流 5.5V，检测结果的输出信号为电压开关量。检测到物体时输出"正逻辑 0"，未检测到物体时输出"正逻辑 1"。

模块的最大有效检测距离主要由反射式红外光电传感器特性决定，同时受被测物体的红外反射特性影响很大，也能通过检测灵敏度调节电位器进行调节。对一般物体的检测应用，有效检测距离常常能达到 0.1~20cm。

通常，具有光滑表面并且反光特性良好的物体易于检测，有效检测距离相对较大；透明的物体、具有粗糙表面或反光特性差的物体，检测难度较大，有效检测距离相对较小。

因此，主控制器对 RPR220 寻迹传感器操作程序如下：

```
if(Left_1_led == 0&&Right_1_led == 0)
    run();
    else if(Left_1_led == 1&&Right_1_led == 0)
        {
            leftrun();
        }
    else if(Right_1_led == 1&&Left_1_led == 0)
        {
            rightrun();
        }
    else
        stop();
```

当智能小车上左侧的寻迹传感器与右侧的寻迹传感器均检测到信号时，认为是黑色线路，则调用 run()子程序；当右侧或者左侧的寻迹传感器中的一个检测到，另一个未检测到，则调用 leftrun()子程序或者 rightrun()子程序，若两个寻迹传感器均检测不到信号，则调用 stop()子程序。

4. RPR220 寻迹传感器的应用

（1）物体存在性检测。

（2）物体通过次数检测。

（3）物体到位检测。

（4）"检测-自动控制"应用。

2.3.5　项目总结

通过本项目的学习,应掌握以下知识重点:①理解红外寻迹传感器的特性;②理解寻迹电路的原理。

通过本项目的学习,应掌握以下实践技能:①能正确使用红外寻迹传感器;②掌握寻迹电路的调试方法;③掌握红外寻迹传感器的使用方法。

项目2.4　磁阻传感器在电子指南针系统的应用

2.4.1　项目目标

通过 HMC5883L 磁阻传感器角度测量电路的制作和调试,掌握 HMC5883L 磁阻传感器的特性、电路原理和调试技能。

以 HMC5883L 磁阻传感器作为检测元件,制作一数字显示电子指南针系统。

2.4.2　项目方案

设计基于磁阻传感器 HMC5883L 的电子指南针系统,以 AT89C52 单片机为核心控制单元,通过对当前角度信息采集与处理,获取当前角度信息,并且通过 LCD1602 显示当前角度信息。电子指南针系统框图如图 2.17 所示。

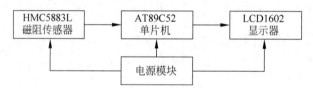

图 2.17　电子指南针系统框图

2.4.3　项目实施

1. 电路原理图

此电子指南针系统的电路采用 AT89C52 单片机作为主控制器,磁阻传感器 HMC5883L 作为角度传感器。通过单片机的 IO 引脚进行角度数据的采集,并进行角度的显示。

单片机与角度传感器的电源电压均为 5V,通过编写 C 语言程序,采集角度信息,并且进行角度信息的显示。电子指南针系统原理图如图 2.18 所示。

本项目主要使用以下器件,包括 HMC5883 磁阻传感器模块、AT89C52 单片机最小系统、电源模块、LCD 显示屏等。

2. 实施步骤

(1) 准备好单片机最小系统实验板、磁阻传感器 HMC5883L。

(2) 将传感器正确安装在单片机最小系统实验板上。

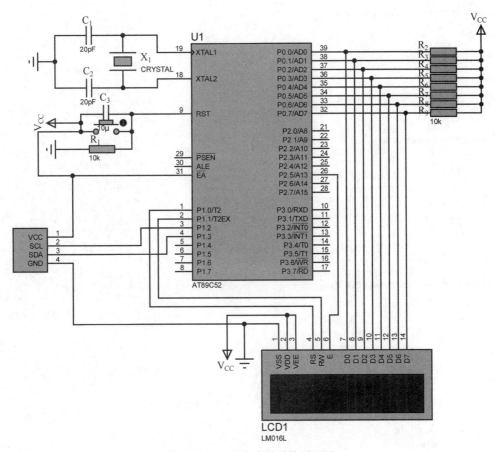

图 2.18　电子指南针系统原理图

(3) 将编写好的电子指南针的程序下载到实验板中。此部分查看附录。

电子指南针部分程序如下：

```
void HMC5883_Start()
{
    SDA = 1;
    SCL = 1;
    Delay5us();
    SDA = 0;
    Delay5us();
    SCL = 0;
}
void HMC5883_Stop()
{
    SDA = 0;
    SCL = 1;
    Delay5us();
    SDA = 1;
    Delay5us();
}
```

```
void HMC5883_SendACK(bit ack)
{
    SDA = ack;
    SCL = 1;
    Delay5us();
    SCL = 0;
    Delay5us();
}
bit HMC5883_RecvACK()
{
    SCL = 1;
    Delay5us();
    CY = SDA;
    SCL = 0;
    Delay5us();
    return CY;
}
void HMC5883_SendByte(BYTE dat)
{
    BYTE i;
    for (i = 0; i < 8; i++)
    {
        dat <<= 1;
        SDA = CY;
        SCL = 1;
        Delay5us();
        SCL = 0;
        Delay5us();
    }
    HMC5883_RecvACK();
}
BYTE HMC5883_RecvByte()
{
    BYTE i;
    BYTE dat = 0;
    SDA = 1;
    for (i = 0; i < 8; i++)
    {
        dat <<= 1;
        SCL = 1;
        Delay5us();
        dat |= SDA;
        SCL = 0;
        Delay5us();
    }
    return dat;
}

void Single_Write_HMC5883(uchar REG_Address,uchar REG_data)
{
    HMC5883_Start();
```

```
    HMC5883_SendByte(SlaveAddress);
    HMC5883_SendByte(REG_Address);
    HMC5883_SendByte(REG_data);
    HMC5883_Stop();
}
uchar Single_Read_HMC5883(uchar REG_Address)
{   uchar REG_data;
    HMC5883_Start();
    HMC5883_SendByte(SlaveAddress);
    HMC5883_SendByte(REG_Address);
    HMC5883_Start();
    HMC5883_SendByte(SlaveAddress + 1);
    REG_data = HMC5883_RecvByte();
    HMC5883_SendACK(1);
    HMC5883_Stop();
    return REG_data;
}
void Multiple_read_HMC5883(void)
{   uchar i;
    HMC5883_Start();
    HMC5883_SendByte(SlaveAddress);
    HMC5883_SendByte(0x03);
    HMC5883_Start();
    HMC5883_SendByte(SlaveAddress + 1);
     for (i = 0; i < 6; i++)
    {
        BUF[i] = HMC5883_RecvByte();
        if (i == 5)
        {
            HMC5883_SendACK(1);
        }
        else
        {
          HMC5883_SendACK(0);
        }
    }
    HMC5883_Stop();
    Delay5ms();
}
void Init_HMC5883()
{
    Single_Write_HMC5883(0x02,0x00);
}
```

（4）下载完成后，单片机实验板上电，液晶显示器即可显示当前位置角度。

（5）改变当前位置，观察液晶显示器上角度值的变化，并做好记录和分析。

2.4.4　知识链接

磁敏传感器，顾名思义，就是感知磁性物体的存在或者磁性强度（在有效范围内）。磁性材料除永磁体外,还包括顺磁材料(铁、钴、镍及其合金),当然也可包括感知通电(直、交流电)线包或导线周围的磁场。

磁敏传感器是传感器产品的一个重要组成部分,随着我国磁敏传感器技术的发展,其产品种类和质量也得到进一步提高和发展,汽车、民用仪表等这些量大面广的应用领域国产的电流传感器、高斯计等产品目前已经开始走入国际市场,与国外产品的差距正在快速缩小。

传统的磁检测中首先被采用的是电感线圈为敏感元件,其特点是无须在线圈中通电,一般仅对运动中的永磁体或电流载体起敏感作用,后来发展成为用线圈组成振荡回路的敏感元件,如探雷器、金属异物探测器、测磁通的磁通计等(磁通门、振动样品磁强计)。

目前市场上比较常见的磁敏传感器有霍尔传感器、磁阻传感器及结型磁敏管等。本项目主要介绍磁阻传感器与结型磁敏管。

整个磁阻传感器是系统中最前端的信号测量器件,霍尼韦尔 HMC5883L 是一种表面贴装的高集成模块,并带有数字接口的弱磁传感器芯片,应用于低成本罗盘和磁场检测领域。HMC5883L 包括最先进的高分辨率 HMC118X 系列磁阻传感器,并附带霍尼韦尔专利的集成电路,包括放大器、自动消磁驱动器、偏差校准、能使罗盘精度控制在 $1°\sim2°$ 的 12 位模/数转换器及简易的 $\mathrm{I^2C}$ 系列总线接口。HMC5883L 采用无铅表面封装技术,带有 16 引脚,尺寸为 $3.0\mathrm{mm}\times3.0\mathrm{mm}\times0.9\mathrm{mm}$。HMC5883L 磁阻传感器的实物如图 2.19 所示。

图 2.19 HMC5883L 磁阻传感器的实物

1. HMC5883L 磁阻传感器的特性

(1) 三轴磁阻传感器和 ASIC 都被封装在 $3.0\mathrm{mm}\times3.0\mathrm{mm}\times0.9\mathrm{mm}$ LCC 表面装配中。

(2) 12bit ADC 与低干扰 AMR 传感器,能在 $\pm8\mathrm{Gs}(1\mathrm{Gs}=100\mu\mathrm{T})$ 的磁场中实现 $2\mathrm{mGs}$ 的分辨率。

(3) 内置自检功能。

(4) 低电压工作($2.16\sim3.6\mathrm{V}$)和超低功耗($100\mu\mathrm{A}$)。

(5) 内置驱动电路。

(6) $\mathrm{I^2C}$ 数字接口。

(7) 无铅封装结构。

(8) 磁场范围广($+/-8\mathrm{Oe}$)。

(9) 有相应软件及算法支持。

(10) 最大输出频率可达 $160\mathrm{Hz}$。

(11) 能让罗盘航向精度精确到 $1°\sim2°$。

(12) 带置位/复位和偏置驱动器用于消磁、自测和偏移补偿。

(13) 可获得罗盘航向、硬磁、软磁以及自动校准库。

2．HMC5883L 磁阻传感器的工作原理

磁阻传感器 HMC5883L 是基于磁阻效应的传感器,下面详细介绍磁阻效应。

材料的电阻会因为外加磁场而增加或减少,电阻的变化称为磁阻(MR)。磁阻效应是 1857 年由英国物理学家威廉·汤姆森发现的,它在金属里可以忽略,在半导体中则可能由小到中等大小。

磁阻效应是指某些金属或半导体的电阻值随外加磁场变化而变化的现象。同霍尔效应一样,磁阻效应也是由于载流子在磁场中受到洛伦兹力而产生的。在达到稳态时,某速度的载流子所受到的电场力与洛伦兹力相等,载流子在两端聚集产生霍尔电场,比该速度慢的载流子将向电场力方向偏转,比该速度快的载流子则向洛伦兹力方向偏转。这种偏转导致载流子的漂移路径增加;或者说,沿外加电场方向运动的载流子数减少,从而使电阻增加。这种现象称为磁阻效应。利用磁阻效应制成的元件称为磁敏电阻。

在外加磁场作用下,某些载流子受到的洛伦兹力比霍尔电场作用力大时,它的运动轨迹就偏向洛伦兹力的方向;这些载流子从一个电极流到另一个电极所通过的路径就要比无磁场时的路径长些,因此增加了电阻值。电阻的增值可以用载流子在磁场作用下的平均偏移角——霍尔角来衡量,平均偏移角 θ 与磁场 B 及载流子迁移率 μ 之间有以下关系,即

$$\tan\theta = \mu B \tag{2.3}$$

磁阻效应(物理)方程为

$$\rho_B = \rho_0(1 + 0.273\mu^2 B^2) \tag{2.4}$$

式中,ρ_B 为存在磁感应强度为 B 时的电阻率;ρ_0 为无磁场时的电阻率;μ 为电子迁移率;B 为磁感应强度。电阻率的变化为 $\Delta\rho = \rho_B - \rho_0$,则电阻率的相对变化为

$$\frac{\Delta\rho}{\rho_0} = 0.273\mu^2 B^2 = K\mu^2 B^2 \tag{2.5}$$

若外加磁场与外加电场垂直,称为横向磁阻效应;若外加磁场与外加电场平行,称为纵向磁阻效应。一般情况下,载流子的有效质量的弛豫时间与方向无关,则纵向磁感强度不引起载流子偏移,因而无纵向磁阻效应。

阅读资料：磁敏电阻

磁敏电阻是利用半导体的磁阻效应制造的,常用 InSb(锑化铟)材料加工而成。半导体材料的磁阻效应包括物理磁阻效应和几何磁阻效应,其中物理磁阻效应又称为磁电阻率效应。

在一个长方形半导体 InSb 片中,沿长度方向有电流通过时,若在垂直于电流片的宽度方向上施加一个磁场,半导体 InSb 片长度方向上就会发生电阻率增大的现象。这种现象就称为物理磁阻效应。

磁敏电阻按照所用材料,可分为半导体磁敏电阻和强磁性金属薄膜磁敏电阻。

(1) 半导体磁敏电阻。

利用半导体材料的磁阻效应制成的磁敏电阻可以有图 2.20 所示的几种形式,这些形状不同的半导体薄片都处在垂直于纸面向外的磁场中,电子运动的轨迹都将向左前方偏移,因此出现图中箭头所示的路径(箭头代表电子运动方向)。

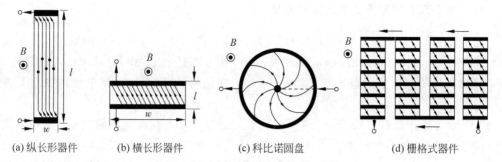

图 2.20　半导体磁敏电阻元件内电流分布

半导体磁敏电阻效应与器件几何形状(l/w)之间关系为

$$\frac{\Delta\rho}{\rho_0} \approx K(\mu B)^2\left[1-f\left(\frac{l}{w}\right)\right] \tag{2.6}$$

式中，l、w，分别为器件的长和宽；$f(l/w)$为形状效应系数。

对于以上讨论的 4 种形状的磁敏电阻，其形状效应特性可表示为图 2.21(a)所示曲线；磁敏电阻的特性(灵敏度)如图 2.21(b)所示；应用电路多接成分压形式，如图 2.21(c)所示。

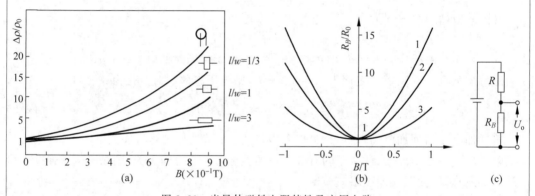

图 2.21　半导体磁敏电阻特性及应用电路

半导体磁敏电阻的材料与霍尔元件的要求相似，通常是 InSb 和 InAs 等(当 $uB>1$ 时，$R_B/R_0\sim B$ 进入线性区，若取 $B=0.3\text{T}$，要满足 $uB>1$，则 $u>3.3\times10^4\text{cm}^2/(\text{V}\cdot\text{s})$，由此选择材料)，片的厚度也要尽可能小。实用的半导体磁敏电阻制成栅格式，它由基片、电阻条和引线 3 个主要部分组成。基片又称衬底，一般用 $0.1\sim0.5\text{mm}$ 厚的高频陶瓷片或玻璃片，也可以是硅片经氧化处理后作基片；基片上面利用薄膜技术制作一层半导体电阻层，其典型厚度为 $20\mu\text{m}$；然后用光刻的方法刻出若干条与电阻方向垂直排列的金属条(短路条)，把电阻层分割成等宽的电阻栅格，其横长比 $w/l>40$；磁敏电阻就是由这些条形磁敏电阻串联而成的，初始电阻约为 100Ω，栅格金属条在 100 根以上。通常用非铁磁质如 $\phi50\sim100\mu\text{m}$ 的硅铝丝或 $\phi10\sim20\mu\text{m}$ 的金线作磁敏电阻内引线，而用薄紫铜片作外引线。

除了以上栅格式半导体外,还有一种由 InSb 和 NiSb 构成的共晶式半导体(在拉制 InSb 单晶时,加入 1‰的 Ni,可得 InSb 和 NiSb 的共晶材料)磁敏电阻。这种共晶物里,NiSb 呈具有一定排列方向的针状晶体,它的导电性好,针的直径在 $1\mu m$ 左右,长约 $100\mu m$,许多这样的针横向排列,代替了金属条起短路霍尔电

图 2.22　共晶式半导体磁敏电阻

压的作用,见图 2.22。由于 InSb 的温度特性不佳,往往在材料中加入一些 N 型碲或硒,形成掺杂的共晶,但灵敏度要损失一些。

(2) 强磁性金属薄膜磁敏电阻。

具有高磁导率的金属称为强磁性金属。强磁性金属处于磁场中时,主要产生两种效应,即强制磁阻效应和定向磁阻效应。磁场强度 H 大于某一磁场 H_1 的强磁场时,产生强制磁场效应,电阻率随 H 增加而下降,为负的磁阻效应。当 $H<H_1$ 的弱磁场情况下,产生定向磁阻效应,电阻率随磁场与输入磁敏电阻的电流之间的夹角而变化,即与方向有关,当该角度为 $0°$ 或 $180°$ 时,即磁场 H 的方向与器件中电流 I 的方向平行时,不论方向一致还是相反,器件的电阻率(记为 $\rho_{//}$)变为最大;当该角度为 $90°$,即 H 与 I 相互垂直时,其电阻率(记为 $\rho_{\perp}$)变为最小。目前强磁性磁阻器件主要利用它的定向磁阻效应。

如果把金属在无磁场作用时的初始电阻率用 ρ_0 表示,在平行于电流方向的磁场作用下所引起的电阻率增加量用 ρ' 表示($\rho'=\rho_{//}-\rho_0$),在垂直于电流方向的磁场作用下所引起的电阻率的减小量用 ρ'' 表示($\rho''=\rho_0-\rho_{\perp}$),则总的变化量为 $\Delta\rho=\rho'+\rho''$,而 $\Delta\rho/\rho_0$ 反映材料对磁场的灵敏度。含镍 $80\%\sim73\%$ 及钴 $20\%\sim27\%$ 的合金具有比一般强磁性金属更大的 $\Delta\rho/\rho_0$ 值,常用来制作磁敏电阻。

强磁性磁敏电阻用真空镀膜技术和光刻腐蚀工艺制成图 2.23(a)所示的三端器件。AB 间及 BC 间几何尺寸和阻值都一样,但两者的栅条方向成 $90°$。若有磁场强度 H 按图中方向平行纸面作用于该器件,且与 AB 间栅条平行,与 BC 间栅条垂直,则电阻 R_{AB} 最大而 R_{BC} 最小,这时按图 2.23(b)接成的分压电路输出电压 U_O 最低;若 H 的方向沿顺时针或逆时针转过 $\theta=90°$,则 R_{AB} 最小而 R_{BC} 最大,输出 U_O 将最高。

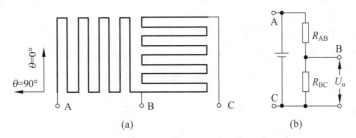

图 2.23　强磁性金属磁敏电阻结构及其应用电路

不难推断,若 $\theta=\pm45°$,则 H 与两种栅条的交角一样,一定能使 $R_{AB}=R_{BC}$,分压输出 U_O 将为电源电压的一半。以此时的输出 U_O 为初始电压,将磁场方向 θ、磁场强度 H、

输出电压变化量 ΔU 三者画成曲线,即图2.24。图中①—②—③—④—①形成环线,这是磁滞回线,可见在磁场强度 $H<H_\tau$ 的范围内,ΔU 的大小与 H 的增减方向有关,有多值性(不确定性),在此范围内不能应用。当 $H>H_\tau$ 之后,磁滞回线重合,这时输出电压变化量 ΔU 才和 H、θ 有确定关系。上述 H_τ 称为可逆磁场强度。在 $H_\tau<H<H_s$ 的范围内,ΔU 仍然与 H 有关,只有当 $H>H_s$ 之后才成为水平直线,此时 ΔU 与 H 无关而仅仅取决于 θ,此处 H_s 称为"饱和磁场强度"。但 H 不能大于某一值 H_1。

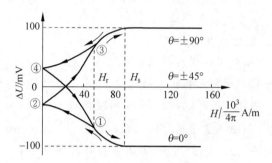

图 2.24　金属磁敏电阻特性

根据上述特点,若采用较强的磁场使得 $H_s<H<H_1$,并且令磁场的方向平行于图2.8的纸面旋转,则分压输出 U_O 只取决于磁场的转角 θ。运用这一原理就能构成无滑点的电位器。若磁场连续不断地旋转,则 U_O 将呈正弦曲线规律变化,于是便可构成正弦信号发生器或转速传感器。

3. HMC5883L 磁阻传感器的操作流程

HMC5883L 与主控器之间的通信使用标准的 I^2C 通信协议。I^2C 总线是一种由 PHILIP 公司开发的两线式串行总线,用于连接微控制器及其外围设备。I^2C 总线在传输数据过程中共有 3 种类型信号,分别是开始信号、结束信号和应答信号。主控器通过 I^2C 接口向 HMC5883L 磁阻传感器发送各种控制命令以及读取测量数据,都是需要对 HMC5883L 磁阻传感器内部的寄存器进行配置与读取。

阅读资料:HMC5883L 磁阻传感器的寄存器

HMC5883L 磁阻传感器的内部寄存器的地址与名称如表2.1所示。

表 2.1　HMC5883L 磁阻传感器的寄存器

地址	名　称	地址	名　称
00	配置寄存器 A	07	数据输出 Y MSB 寄存器
01	配置寄存器 B	08	数据输出 Y LSB 寄存器
02	模式寄存器	09	状态寄存器
03	数据输出 X MSB 寄存器	10	识别寄存器 A
04	数据输出 X LSB 寄存器	11	识别寄存器 B
05	数据输出 Z MSB 寄存器	12	识别寄存器 C
06	数据输出 Z LSB 寄存器		

主控制器对 HMC5883L 磁阻传感器的控制流程如下。

1）初始化

对 HMC5883L 磁阻传感器初始化过程，就是对模式寄存器进行设置。模式寄存器是一个 8 位可读可写的寄存器。该寄存器是用来设定装置的操作模式。此寄存器 8 位具体内容如表 2.2 所示。MR0 通过 MR7 识别位的位置，MR 表明模式寄存器里的位。MR7 指示数据流中的第一位。括号中的数字显示的是位的默认值。

表 2.2　模式寄存器表

MR7	MR6	MR5	MR4	MR3	MR2	MR1	MR0
(1)	(0)	(0)	(0)	(0)	(0)	MD1 (0)	MD0 (1)

MR7 在单次测量操作后，内部置位 1，当配置模式寄存器时设置为 0。

MD1、MD0 为模式选择位，用于设定装置的操作模式，具体如表 2.3 所示。

表 2.3　模式选择表

MD1	MD0	模　式
0	0	连续测量模式。在连续测量模式下，装置不断进行测量，并将数据更新至数据寄存器。RDY 升高，此时新数据放置在所有 3 个寄存器。在上电或写入模式或配置寄存器后，第一次测量可以在 3 个数据输出寄存器经过一个 $2/f_{DO}$ 后设置，随后的测量可用一个频率 f_{DO} 进行，f_{DO} 为数据输出的频率
0	1	单一测量模式（默认）。当选择单测量模式时，装置进行单一测量，RDY 设为高位并回到闲置模式，模式寄存器返回闲置模式位值。测量的数据留在输出寄存器中并且 RDY 仍然在高位，直到数据输出寄存器读取或完成另一次测量
1	0	闲置模式。装置被放置在闲置模式
1	1	闲置模式。装置被放置在闲置模式

初始化程序具体语句如下：

```
void Init_HMC5883()
{
    Single_Write_HMC5883(0x02,0x00);
}
```

此程序为向模式寄存器 0x02 写入数据 0x00，将工作模式选择为连续测量模式。

2）连续读取数据

连续读取数据的流程主要包括以下步骤：启动设备、发送设备地址、发送存储单元地址、连续读取数据并将数据存储在 BUF 内、停止设备。

（1）启动设备。

启动设备程序如下：

```
void HMC5883_Start()
{
    SDA = 1;
    SCL = 1;
    Delay5us();
```

```
    SDA = 0;
    Delay5us();
    SCL = 0;
}
```

当 SCL 线为高电平期间,SDA 线由高电平向低电平的变化表示起始信号。

（2）发送设备地址。

具体程序语句如下：

```
HMC5883_SendByte(SlaveAddress);
```

其中 SlaveAddress 为从机地址,地址为 0x3C。

（3）发送存储单元地址。

具体程序语句如下：

```
HMC5883_SendByte(0x03);
```

表示 HMC5883L 磁阻传感器的数据存储单元从 0x03 开始。

（4）连续读取数据并将数据存储在 BUF 内。

具体程序语句如下：

```
for (i = 0; i < 6; i++)
    {
        BUF[i] = HMC5883_RecvByte();
        if (i == 5)
        {
            HMC5883_SendACK(1); }
        else
        {
            HMC5883_SendACK(0);
        }
    }
```

将 X、Y、Z 角度值一次存储在以 0x03 开始的寄存器内部。

（5）停止设备。

当数据存储完之后,需要使传感器停止工作。停止设备程序语句如下：

```
void HMC5883_Stop()
{
    SDA = 0;
    SCL = 1;
    Delay5us();
    SDA = 1;
    Delay5us();
}
```

当 SCL 线为高电平期间,SDA 线由低电平向高电平的变化表示终止信号。

经过以上几个步骤,完成连续读取数据操作。

3）数据转换

数据转换的程序语句如下：

```
angle = atan2((double)y,(double)x) * (180 / 3.14159265) + 180;
angle * = 10;
```

通过计算 X、Y 坐标的正切值,计算角度。

阅读资料:数据输出寄存器

　　HMC5883L 磁阻传感器的数据输出寄存器共计有6个,分别是 X、Y、Z 这3个方向的数据寄存器,每个数据寄存器的具体内容如表2.4至表2.6所示。

表 2.4　数据输出 X 计存器 A 和 B

DXRA7	DXRA6	DXRA5	DXRA4	DXRA3	DXRA2	DXRA1	DXRA0
(0)	(0)	(0)	(0)	(0)	(0)	(0)	(0)
DXRB7	DXRB6	DXRB5	DXRB4	DXRB3	DXRB2	DXRB1	DXRB0
(0)	(0)	(0)	(0)	(0)	(0)	(0)	(0)

表 2.5　数据输出 Y 计存器 A 和 B

DYRA7	DYRA6	DYRA5	DYRA4	DYRA3	DYRA2	DYRA1	DYRA0
(0)	(0)	(0)	(0)	(0)	(0)	(0)	(0)
DYRB7	DYRB6	DYRB5	DYRB4	DYRB3	DYRB2	DYRB1	DYRB0
(0)	(0)	(0)	(0)	(0)	(0)	(0)	(0)

表 2.6　数据输出 Z 计存器 A 和 B

DZRA7	DZRA6	DZRA5	DZRA4	DZRA3	DZRA2	DZRA1	DZRA0
(0)	(0)	(0)	(0)	(0)	(0)	(0)	(0)
DZRB7	DZRB6	DZRB5	DZRB4	DZRB3	DZRB2	DZRB1	DZRB0
(0)	(0)	(0)	(0)	(0)	(0)	(0)	(0)

---

4. MC5883L 磁阻传感器的应用

　　HMC5883L 的应用领域有手机、笔记本电脑、消费类电子、汽车导航系统和个人导航系统。

2.4.5　项目总结

　　通过本项目的学习,应掌握以下知识重点:①理解 HMC5883L 磁阻传感器的特性;②理解电子指南针的原理。

　　通过本项目的学习,应掌握以下实践技能:①能正确使用 HMC5883L 磁阻传感器;②掌握电子指南针的调试方法;③掌握 HMC5883L 磁阻传感器的测量方法。

阅读材料 1　定位技术的最新发展

　　早在 15 世纪,人类开始探索海洋的时候,定位技术就随之而生。主要的定位方法是运用当时的航海图和星象图确定自己的位置。

随着社会和科技的不断发展,对导航定位的需求已不仅仅局限于传统的航海、航空、航天和测绘领域。GPS作为常见的导航定位系统已经逐渐进入社会的各个角落,尤其在军事领域,对导航定位提出了更高的要求。导航定位方法从早期的陆基无线电导航系统到现在常用的卫星导航系统,经历了80多年的发展,从少数的几种精度差、设备较庞大的陆基系统到现在多种导航定位手段共存,设备日趋小型化的发展阶段,在技术手段、导航定位精度、可用性等方面均取得质的飞越。

随着数据业务和多媒体业务的快速增加,人们对定位与导航的需求日益增大,尤其在复杂的室内环境,如机场大厅、展厅、仓库、超市、图书馆、地下停车场、矿井等环境中,常常需要确定移动终端或其持有者、设施与物品在室内的位置信息。但是受定位时间、定位精度以及复杂室内环境等条件的限制,比较完善的定位技术目前还无法很好地利用。因此,专家学者提出了许多定位技术解决方案,如A-GPS定位技术、超声波定位技术、蓝牙技术、红外线技术、射频识别技术、超宽带技术、无线局域网络、光跟踪定位技术以及图像分析、信标定位、计算机视觉定位技术等。这些定位技术从总体上可归纳为几类,即GNSS技术(如伪卫星等)、无线定位技术(无线通信信号、射频无线标签、超声波、光跟踪、无线传感器定位技术等)、其他定位技术(计算机视觉、航位推算等)以及GNSS和无线定位组合的定位技术(A-GPS或A-GNSS)。

1. GPS与A-GPS定位

常见的GPS定位的原理可以简单理解为:由24颗工作卫星组成,使得在全球任何地方、任何时间都可观测到4颗以上的卫星,测量出已知位置的卫星到用户接收机之间的距离,然后综合多颗卫星的数据就可知道接收机的具体位置。在整个天空范围内寻找卫星是很低效的,因此通过GPS进行定位时,第一次启动可能需要数分钟的时间。这也是为何在使用地图时经常会有先出现一个大的圈,之后才会精确到某一个点的原因。不过,如果在进行定位之前能够事先知道粗略位置,查找卫星的速度就可以大大缩短。

GPS系统使用的伪码共有两种,分别是民用的C/A码和军用的P(Y)码。民用精度约为10m,军用精度约为1m。GPS的优点在于无辐射,但是穿透力很弱,无法穿透钢筋水泥。通常要在室外可见天空的状态下才行。信号被遮挡或者削减时,GPS定位会出现漂移,在室内或者较为封闭的空间无法使用。正是由于GPS的这种缺点,所以经常需要辅助定位系统帮助完成定位,就是我们说的A-GPS。例如,iPhone就使用了A-GPS,即基站或WiFi AP初步定位后,根据机器内存储的GPS卫星表来快速寻星,然后进行GPS定位。例如,在民用的车载导航设备领域,目前比较成熟的是GPS+加速度传感器补正算法定位。

2. 基站定位(Cell ID定位)

小区识别码(Cell ID)通过识别网络中某个小区传输用户呼叫并将该信息翻译成纬度和经度来确定用户位置。Cell ID实现定位的基本原理:无线网络上报终端所处的小区号(根据服务的基站来估计),位置业务平台把小区号翻译成经、纬度坐标。基本定位流程:设备先从基站获得当前位置(Cell ID)。(第一次定位→设备通过网络将位置传送给Agps服务器→Agps服务器根据位置查询区域内当前可用的卫星信息,并返回设备→设备中的GPS接收器根据可用卫星,快速查找可用的GPS卫星,并返回GPS定位信息。

3. WiFi定位

无线局域网络(WLAN)是一种全新的信息获取平台,可以在广泛的应用领域内实现复杂的大范围定位、监测和追踪任务,而网络节点自身定位是大多数应用的基础和前提。当前比较流行的WiFi定位是无线局域网络系列标准IEEE 802.11的一种定位解决方案。该系统采用经验测试和信号传播模型相结合的方式,易于安装,只需要很少基站,能采用相同的底层无线网络结构,系统总精度高。

设备只要侦听一下附近都有哪些热点,检测一下每个热点的信号强弱,然后把这些信息发送给网络上的服务端。服务器根据这些信息,查询每个热点在数据库里记录的坐标,然后进行运算,就能知道客户端的具体位置了。一次成功的定位需要两个先决条件:一是客户端能上网;二是侦听到的热点坐标在数据库里有相关记录。

4. RFID定位

射频识别技术(RFID)利用射频方式进行非接触式双向通信交换数据以达到识别和定位的目的。通过设置一定数量的读卡器和架设天线,根据读卡器接收信号的强弱、到达时间、角度来定位。这种技术作用距离短,一般最长为几十米。但它可以在几毫秒内得到厘米级定位精度的信息,且传输范围很大、成本较低。同时由于其非接触和非视距等优点,可望成为优选的室内定位技术。

目前,RFID研究的热点和难点在于理论传播模型的建立、用户的安全隐私和国际标准化等问题。优点是标识的体积比较小、造价比较低;缺点是作用距离近,不具有通信能力,而且不便于整合到其他系统中,无法做到精准定位,布设读卡器和天线需要有大量的工程实践经验,难度大。

5. 红外线定位技术

红外线定位技术定位原理:红外线(IR)标识发射调制的红外射线,通过光学传感器接收进行定位。虽然红外线具有相对较高的定位精度,但是由于光线不能穿过障碍物,使得红外射线仅能视距传播。直线视距和传输距离较短这两大主要缺点使其室内定位的效果很差。当标识放在口袋里或者有墙壁及其他遮挡时就不能正常工作,需要在每个空间安装接收天线,造价较高。因此,红外线只适合短距离传播,而且容易被荧光灯或者房间内的灯光干扰,在精确定位上有局限性。

6. 超声波定位技术

超声波测距主要采用反射式测距法,通过三角定位等算法确定物体的位置,即发射超声波并接收由被测物产生的回波,根据回波与发射波的时间差计算出待测距离,有的则采用单向测距法。超声波定位系统可由若干个应答器和一个主测距器组成,主测距器放置在被测物体上,在微机指令信号的作用下向位置固定的应答器发射同频率的无线电信号,应答器在收到无线电信号后同时向主测距器发射超声波信号,得到主测距器与各个应答器之间的距离。当同时有3个或3个以上不在同一直线上的应答器做出回应时,可以根据相关计算确定出被测物体所在的二维坐标系下的位置。超声波定位整体定位精度较高,结构简单;但超声波受多径效应和非视距传播影响很大,同时需要大量的底层硬件设施投资,成本太高。

7. 蓝牙技术

蓝牙技术通过测量信号强度进行定位。这是一种短距离、低功耗的无线传输技术，在室内安装适当的蓝牙局域网接入点，把网络配置成基于多用户的基础网络连接模式，并保证蓝牙局域网接入点始终是这个微微网(piconet)的主设备，就可以获得用户的位置信息。蓝牙技术主要应用于小范围定位。蓝牙室内定位技术最大的优点是设备体积小、易于集成在 PDA 和 PC 及手机中，因此很容易推广普及。理论上，对于持有集成了蓝牙功能移动终端设备的用户，只要设备的蓝牙功能开启，蓝牙室内定位系统就能够对其进行位置判断。采用该技术作室内短距离定位时容易发现设备且信号传输不受视距的影响。其不足在于蓝牙器件和设备的价格比较昂贵，而且对于复杂的空间环境，蓝牙系统的稳定性稍差，受噪声信号干扰大。

8. 超宽带技术

超宽带技术是一种全新的、与传统通信技术有极大差异的通信新技术。它不需要使用传统通信体制中的载波，而是通过发送和接收具有纳秒或纳秒级以下的极窄脉冲来传输数据，从而具有吉赫量级的带宽。超宽带可用于室内精确定位，如战场士兵的位置发现、机器人运动跟踪等。超宽带系统与传统的窄带系统相比，具有穿透力强、功耗低、抗多径效果好、安全性高、系统复杂度低、能提供精确定位精度等优点。因此，超宽带技术可以应用于室内静止或者移动物体以及人的定位跟踪与导航，且能提供十分精确的定位精度。

9. ZigBee 技术

ZigBee 是一种新兴的短距离、低速率无线网络技术，它介于 RFID 和蓝牙之间，也可以用于室内定位。它有自己的无线电标准，在数千个微小的传感器之间相互协调通信以实现定位。这些传感器只需要很少的能量，以接力的方式通过无线电波将数据从一个传感器传到另一个传感器，所以它们的通信效率非常高。ZigBee 最显著的技术特点是它的低功耗和低成本。

除了以上提及的定位技术外，还有基于计算机视觉、光跟踪定位、基于图像分析、磁场以及信标定位等。此外，还有基于图像分析的定位技术、信标定位、三角定位等。目前很多技术还处于研究试验阶段，如基于磁场压力感应进行定位的技术。

阅读材料2　定位技术的应用

1. 卫星定位技术的应用

全球定位系统的主要用途：①陆地应用，主要包括车辆导航、应急反应、大气物理观测、地球物理资源勘探、工程测量、变形监测、地壳运动监测、市政规划控制等；②海洋应用，包括远洋船最佳航程航线测定、船只实时调度与导航、海洋救援、海洋探宝、水文地质测量以及海洋平台定位、海平面升降监测等；③航空航天应用，包括飞机导航、航空遥感姿态控制、低轨卫星定轨、导弹制导、航空救援和载人航天器防护探测等。

(1) GPS 在道路工程中的应用。

目前主要用于建立各种道路工程控制网及测定航测外控点等。随着高等级公路的迅速发展，对勘测技术提出了更高的要求，由于线路长、已知点少，因此，用常规测量手段不仅布网困难，而且难以满足高精度的要求。目前，国内已逐步采用 GPS 技术建立线路首级高精度控制网，然后用常规方法布设导线加密。实践证明，在几十千米范围内的点位误差只有 2cm 左右，达到了常规方法难以实现的精度，同时也大大提前了工期。GPS 技术也同样应用于特大桥梁的控制测量中。由于无须通视，可构成较强的网型，提高点位精度，同时对检测常规测量的支点也非常有效。GPS 技术在隧道测量中也具有广泛的应用前景，GPS 测量无需通视，减少了常规方法的中间环节，因此，速度快、精度高，具有明显的经济和社会效益。

(2) GPS 在汽车导航和交通管理中的应用。

三维导航是 GPS 的首要功能，飞机、轮船、地面车辆以及步行者都可以利用 GPS 导航器进行导航。汽车导航系统是在 GPS 基础上发展起来的一门 GPS 应用型技术。汽车导航系统由 GPS 导航、自律导航、微处理机、车速传感器、陀螺传感器、CD-ROM 驱动器、LCD 显示器组成。GPS 导航系统与电子地图、无线电通信网络、计算机车辆管理信息系统相结合，可以实现车辆跟踪和交通管理等许多功能。

(3) GPS 定位技术进行高精度海洋定位。

为了获得较好的海上定位精度，采用 GPS 接收机与船上的导航设备组合起来进行定位。例如，在 GPS 伪距法定位的同时，用船上的计程仪(或多普勒声呐)、陀螺仪的观测值联合推求船位。

对于近海海域，还可在岸上或岛屿上设立基准站，采用差分技术或动态相对定位技术进行高精度海上定位。如果一个基准站能覆盖 150km 范围，那么在我国沿海只需设立 3～4 个基准站便可在近海海域进行高精度海上定位。经过多年研究，不断成熟的广域差分技术(WASGPS)，可以实现在一个国家或几个国家范围内的广大区域进行差分定位。2000 年之后，可利用建成的纯民间系统 GNSS 进行全球范围内的导航定位。

(4) GPS 航路导航。

航路主要指洋区和大陆空域航路。各种研究和实验已经证明，GPS 和一种称为接收机自主完善性监测(RAIM)的技术能满足洋区航路对 GPS 的导航精度、完善性和可用性的要求，而且精度也能满足大陆空域航路的要求。GPS 和广域增强系统也能满足大陆空域航路精度、完善性和可用性的要求。GPS 的精度远优于现有任何航路用导航系统，这种精度的提高和连续性服务的改善有助于有效利用空域，实现最佳的空域划分和管理、空中交通流量管理以及飞行路径管理，为空中运输服务开辟了广阔的应用前景，同时也降低了营运成本，保证了空中交通管制的灵活性。GPS 的全球、全天候、无误差积累的特点，更是中、远程航线上目前最好的导航系统。按照国际民航组织的部署，GPS 将逐渐替代现有的其他无线电导航系统。GPS 不依赖于地面设备，可与机载计算机等其他设备一起进行航路规划和航路突防，为军用飞机的导航增加了许多灵活性。

2. 超声波定位技术的应用

三峡通航船舶吃水量自动检测系统采用单波束超声波测深传感器阵列对船舶吃水量进行测量。系统的动态测量精度要求达到0.1m,而传感器的重复测量精度、机械安装精度以及系统的安装误差和不同水温与水质对声速的影响等都可以对整个系统的测量精度产生影响,因此在系统设计时需综合考虑以上各方面因素。整个自动检测系统由横梁式检测门、超声波传感器阵列、计算机控制系统、检测门升降控制系统和现场供电模块、环境参数采集模块以及信号传输模块等构成。

整个系统中,检测门是一长逾30m的钢质析架,要求其强度能够承受自身重量,并且为了保证系统精度,检测门由于自重产生的弯曲挠度要尽量小。另外,由于系统工作时检测门要位于一定深度的水下,因此在设计析架时采用的钢材料必须要经过良好的防腐处理。单波束超声波传感器阵列固定在安装架上,系统工作时超声波传感器的测量方向与通常使用的方向相反,即测深传感器由水中向水面发送超声波。根据单个超声波脉冲返回的时间和超声波在水中的传播速度,计算得到被测船底与检测门的距离,同时结合测量模型,得到被测船舶的实际吃水量。

现场供电模块为各种传感器和处理器提供电源,同时还要为检测门升降系统提供动力电源。包括提供三相交流电和直流稳压电源;环境参数采集模块由多种传感器组成,主要负责采集与超声波在水中传播速度关联较大的现场环境因素,包括室外温度、现场水质、压强等,为系统的误差修正提供数值依据;通信模块要实现的是各类型传感器的数据采集、处理以及通信协议的转换等功能,确保采集到的数据可以进行实时传输,同时计算机控制系统也可以对数据进行实时处理。计算机控制系统即专用的一体式工业计算机,设计并开发相应的软件系统对传感器所得的数据进行分析和评估,另外加入了误差补偿、环境参数修正以及船底数据三维显示等功能,使测量结果更精确、更直观明了。检测门同步升降控制系统包含两个异步交流电机、两个升降控制器以及控制面板等,主要是为了实现超声波阵列检测门位置的实时可调和系统安装、检修的方便。

3. 电磁式运动捕捉技术

运动捕捉技术涉及尺寸测量、物理空间里物体的定位及方位测定等方面可以由计算机直接理解处理的数据。在运动物体的关键部位设置跟踪器,由运动捕捉系统捕捉跟踪器位置,再经过计算机处理后向用户提供可以在动画制作中应用的数据。当数据被计算机识别后,动画师即可以在计算机产生的镜头中调整、控制运动的物体。从应用角度来看,表演动画系统主要有表情捕捉和身体运动捕捉两类;从实时性来看,可分为实时捕捉系统和非实时捕捉系统两种。到目前为止,常用的运动捕捉技术从原理上说可分为机械式、声学式、电磁式和光学式。同时,不依赖于专用传感器,而直接识别人体特征的运动捕捉技术也将很快走向实用。不同原理的设备各有其优、缺点,一般可从以下几个方面进行评价,即定位精度、实时性、使用方便程度、可捕捉运动范围大小、成本、抗干扰性及多目标捕捉能力。

电磁式运动捕捉系统是目前比较常用的运动捕捉设备。一般由发射源、接收传感器和数据处理单元组成。发射源在空间产生按一定时空规律分布的电磁场;接收传感器(通常有10~20个)安置在表演者身体的关键位置,随着表演者在电磁场中运动,通过电缆或无线方式与数据处理单元相连,表演者在电磁场内表演时,接收传感器将接收到的信号通过电缆传送给处理单元,根据这些信号可以解算出每个传感器的空间位置和方向。Polhemus 公司和 Ascension 公司均以生产电磁式运动捕捉设备而著称。目前这类系统的采样速率一般为 15～120 次/s(依赖于模型和传感器的数量),为了消除抖动和干扰,采样频率一般在 15Hz 以下。对于一些高速运动,如拳击、篮球比赛等,该采样速度还不能满足要求。电磁式运动捕捉的优点首先在于它记录的是六维信息,即不仅能得到空间位置,还能得到方向信息,这一点对某些特殊的应用场合很有价值。其次是速度快、实时性好,表演者表演时,动画系统中的角色模型可以同时反应,便于排演、调整和修改。装置的定标比较简单,技术较成熟,鲁棒性好,成本相对低廉。它的缺点在于对环境要求严格,在表演场地附近不能有金属物品;否则会造成电磁场畸变,影响精度。系统的允许表演范围比光学式要小,特别是电缆对表演者的活动限制比较大,对于比较剧烈的运动和表演则不适用。

复习与训练

2.1　定位传感器的类型有哪些?

2.2　简述定位传感器的作用。

2.3　简述超声波传感器测距的原理。

2.4　超声波传感器的工作频率是多少?

2.5　简述红外传感器测距的工作原理。

2.6　简述红外传感器的发展。

2.7　简述红外传感器的分类。

2.8　简述红外传感器寻迹的工作原理。

2.9　简述磁阻传感器的工作原理。

2.10　什么是磁阻效应?

2.11　简述磁阻传感器的分类。

2.12　通过网络了解定位传感器的发展及其应用。

模块 3 避障传感器的应用

引入项目

概述

避障传感器是机器人常用的传感器之一,避障传感器中包含有光电传感器、金属传感器等。本模块从这几个方面入手,介绍机器人的避障传感器,并了解不同形式的避障传感器的相关应用。

光电传感器是采用光电元件作为检测元件的传感器。它首先把被测量的变化转换成光信号的变化,然后借助光电元件进一步将光信号转换成电信号。光电传感器一般由光源、光学通路和光电元件三部分组成。

其基本原理是以光电效应为基础,把被测量的变化转换成光信号的变化,然后借助光电元件进一步将非电信号转换成电信号。光电效应是指用光照射某一物体,可以看作一连串带有一定能量的光子轰击在这个物体上,此时光子能量就传递给电子,并且是一个光子的全部能量一次性地被一个电子所吸收,电子得到光子传递的能量后其状态就会发生变化,从而使受光照射的物体产生相应的电效应。

金属传感器只介绍接近开关在金属探测器中的应用。

模块结构

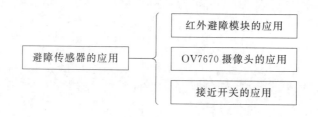

避障传感器的应用 —— 红外避障模块的应用 / OV7670 摄像头的应用 / 接近开关的应用

项目3.1　红外避障模块在机器人避障过程中的应用

3.1.1　项目目标

通过红外避障传感器电路的制作和调试,掌握红外避障传感器的特性、电路原理和调试技能。

以红外避障传感器作为检测元件,制作一智能避障系统。

3.1.2　项目方案

设计基于红外避障传感器检测系统,以 AT89C52 单片机为核心控制单元,通过对障碍物信息采集与处理,获取当前信息,并能够控制智能小车避障。智能避障系统框图如图 3.1 所示。

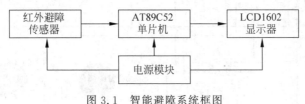

图 3.1　智能避障系统框图

3.1.3　项目实施

1. 电路原理图

此智能寻迹系统电路采用 AT89C52 单片机作为主控制器,采用红外避障传感器。通过单片机的 IO 引脚进行障碍物的采集,并控制智能小车的行走路线。

单片机与红外避障传感器的电源电压均为 5V,通过编写 C 语言程序,控制智能小车的行走路线。智能避障系统原理图如图 3.2 所示。

此项目主要使用以下器件:红外避障传感器、AT89C52 单片机最小系统、直流电机、直流稳压电源、实验板、电阻等。

2. 实施步骤

(1) 准备好单片机最小系统实验板、红外避障传感器。

(2) 将传感器正确安装在单片机最小系统实验板上。

(3) 将编写好的寻迹程序下载到实验板中。此部分查看附录。

红外避障模块应用部分程序如下:

```
while(1)
    {
        if(Left_2_led == 1&&Right_2_led == 1)
        run();
        if(Left_2_led == 1&&Right_2_led == 0)
```

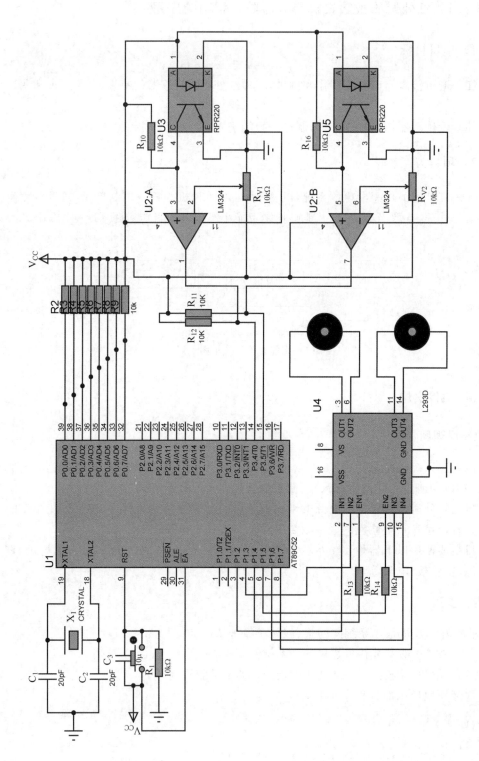

图 3.2 智能避障系统电路原理图

```
    {
        leftrun();
    }
    if(Right_2_led == 1&&Left_2_led == 0)
    {
        rightrun();
    }
}
```

（4）下载完成后，单片机实验板上电，小车即按照预定的路线行走；当遇到障碍物时，智能避障。做好记录和分析。

3.1.4　知识链接

红外避障模块对环境光线适应能力强，结构如图 3.3 所示，其具有一对红外线发射与接收管，发射管发射出一定频率的红外线，当检测方向遇到障碍物（反射面）时，红外线反射回来被接收管接收。经过比较器电路处理后，绿色指示灯亮起，同时信号输出接口输出数字信号（一个低电平信号），可通过电位器旋钮调节检测距离，有效距离范围为 2～30cm，工作电压为 3.3～5V。该传感器的探测距离可以通过电位器调节，具有干扰小、便于装配、使用方便等特点，可以广泛应用于机器人避障、避障小车、流水线计数及黑白线循迹等众多场合。

图 3.3　红外避障模块实物

红外避障模块仅有 3 个引脚，电路连接简单，其中各引脚定义如下。

（1）V_{CC}：外接 3.3～5V 电压（可以直接与 5V 单片机和 3.3V 单片机相连）。

（2）GND：外接地。

（3）OUT：小板数字量输出接口（0 和 1）。

1. 红外避障传感器的特性

（1）红外避障传感器的优点。

① 环境适应性好，在夜间和恶劣气象条件下的工作能力优于可见光。

② 被动式工作，隐蔽性好，不易被干扰。

③ 靠目标和背景之间各部分的温度和发射率形成的红外辐射差进行探测，因而识别伪装目标的能力优于可见光。

④ 红外系统的体积小、质量轻、功耗低。

⑤ 不受电磁波的干扰、非噪声源、可实现非接触性测量。

（2）红外避障传感器的不足。

由于传感器测量光的差异，其受环境的影响非常大，物体的颜色、方向、周围的光线都能导致较大的测量误差。

该传感器模块对环境光线适应能力强，其具有一对红外线发射管与接收管，发射管发射出一定频率的红外线，当检测方向遇到障碍物（反射面）时，红外线反射回来被接收管接收，经过比较器电路处理后，绿色指示灯会亮起，同时信号输出接口输出数字信号（一个低电平信号),可通过电位器旋钮调节检测距离,有效距离范围为 2~30cm,工作电压为 3.3~5V。

2. 红外避障传感器的工作原理

红外避障传感器具有一对红外信号发射与接收二极管,发射管发射一定频率的红外信号,接收管接收这种频率的红外信号,当传感器的检测方向遇到障碍物(反射面)时,红外信号反射回来被接收管接收,经过处理之后,通过数字传感器接口返回到机器人主机,机器人即可利用红外波的返回信号来识别周围环境的变化。

红外二极管发射红外光线,如果机器人前面有障碍物,红外线从物体反射回来,相当于机器人眼睛的红外检测(接收)器,检测到反射回的红外光线,并发出信号表明检测到从物体反射回红外线。红外线接收器有内置的光滤波器,除了需要检测的 940nm 波长的红外线外,几乎不允许其他光通过。红外检测器还有一个电子滤波器,它只允许大约 38.0kHz 的电信号通过。

信号由红外接收器接收,经过运算放大器的反相放大,信号输出由默认的高电平变为低电平。发光二极管有了电压差,所以信号指示灯亮,证明前方有障碍,同时信号输出给单片机,由单片机电平的变化去控制电动机的工作实现避障。

阅读资料:红外避障传感器的分类

红外探测器按其工作模式可大致分为主动式与被动式。主动式红外探测器自带红外光源,通过对光源的遮挡、反射、折射等光学手段可以完成对被探测物体位置的判别。被动式红外探测器本身没有光源,通过接受被探测物体的特征光谱辐射来测量被探测物的位置、温度或进行红外成像。

主动式红外传感器又可分为分立元件型、透射遮挡型和反射型。分立元件型发光管与接收管相互独立,用户在使用时可以根据需要灵活地设定发光管与接收管的位置,并可利用棱镜、透镜等完成特殊的目的,缺点是装置复杂。透射遮挡型和反射型通过塑料模具将发光管与接收管封装在一起,非常方便用户使用。在设计中,通常选用反射型红外发射接收器比较适合做避障功能。

---

3. 红外避障传感器的操作流程

模块的工作电压可接直流 3.3V 或直流 5.5V,检测结果的输出信号为电压开关量,检测到物体输出"正逻辑 0",未检测到物体输出"正逻辑 1"。

模块的最大有效检测距离主要由反射式红外光电传感器特性决定,同时受被测物体的红外反射特性影响很大,也能通过检测灵敏度调节电位器进行调节。对一般物体的检测应用,有效检测距离常常能达到 0.1~20cm。

通常,具有光滑表面并且反光特性良好的物体易于检测,有效检测距离相对较大;透明的物体、具有粗糙表面或反光特性差的物体,检测难度加大,有效检测距离相对较小。

因此主控制器对红外避障传感器操作程序如下:

```
if(Left_2_led == 1&&Right_2_led == 1)
        run();
```

```
        if(Left_2_led == 1&&Right_2_led == 0)
        {
            leftrun();
        }
        if(Right_2_led == 1&&Left_2_led == 0)
        {
            rightrun();
        }
```

当智能小车上左侧的寻迹传感器与右侧的寻迹传感器均检测到信号时,认为是黑色线路,则调用 run()子程序;当右侧或者左侧的寻迹传感器中的一个检测到,另一个检测不到,则调用 leftrun()子程序或者 rightrun()子程序。

4. 红外避障传感器的应用

该传感器的探测距离可以通过电位器调节,具有干扰小、便于装配、使用方便等特点,可以广泛应用于机器人避障、避障小车、流水线计数及黑白线循迹等众多场合。

3.1.5　项目总结

通过本项目的学习,应掌握以下重点知识:①理解红外避障传感器的特性;②理解避障电路的原理。

通过本项目的学习,应掌握以下实践技能:①能正确使用红外避障传感器;②掌握避障电路的调试方法;③掌握红外避障传感器的使用方法。

项目 3.2　图像传感器 OV7670 在图像采集系统中的应用

3.2.1　项目目标

通过 OV7670 图像传感器进行图像采集电路的制作和调试,掌握 OV7670 图像传感器的特性、电路原理和调试技能。

以 OV7670 为传感器,制作一个图像采集电路,并进行图像显示。

3.2.2　项目方案

OV7670 是一款采用 24 脚封装的芯片,30 万像素 CMOS VGA 图像处理传感器。该模块具有体积小、工作电压低等特点,可以实现对单片 VGA 摄像头和影像处理器的所有功能;通过 SCCB 控制总线控制,可以实现输出整帧、子采样、取窗口等方式的各种分辨率的 8 位影像数据;同时最高的数据帧可达 30F/s,这样用户可以完全控制图像质量、数据格式和传输方式,所有的图像处理功能伽马曲线、白平衡、饱和度、色度等都可以通过对 I^2C 总线的控制以 SCCB方式进行配置,另外感光阵列是 640×480 的,可以很好地输出 4:2:2 格式的数据。

OV7670 模块带 AL422 FIFO,超宽工作电压,带 24MHz 有源晶振,带 380KB 大容量的 FIFO AL422B,非常适合慢速 MCU 直接通过 I/O 采集图像数据,带 OV7670 必需的稳压 LDO,超宽单工作电源 3.3～5V,I/O 直接连接无须电平转换,工作温度为 0～50℃,镜头为全玻璃镜片,镜头焦距 3.6mm、650nm 波段。

OV7670 图像传感器的引脚排列和功能如图 3.4 和表 3.1 所示。

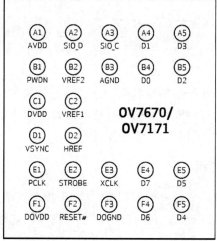

图 3.4　OV7670 图像传感器引脚图

表 3.1　引脚功能

引脚	名称	类型	功能/说明
A1	AVDD	电源	模拟电源
A2	SIO_D	输出/输入	SCCB 数据口
A3	SIO_C	输入	SCCB 时钟口
A4	D1	输出	数据位 1
A5	D3	输出	数据位 3
B1	PWDN	输入(0)[b]	POWER DOWN 模式选择 0：工作 1：POWER DOWN
B2	VREF2	参考	参考电压—并 0.1μF 电容
B3	AGND	电源	模拟地
B4	D0	输出	数据位 0
B5	D2	输出	数据位 2
C1	DVDD	电源	核电压+1.8VDC
C2	VREF1	参考	参考电压—并 0.1μF 电容
D1	VSYNC	输出	帧同步
D2	HREF	输出	行同步
E1	PCLK	输出	像素时钟
E2	STROBE	输出	闪光灯控制输出
E3	XCLK	输入	系统时钟输入
E4	D7	输出	数据位 7
E5	D5	输出	数据位 5
F1	DOVDD	电源	I/O 电源,电压 1.7~3.0V
F2	RESET[#]	输入	初始化所有寄存器到默认值 0：RESET 模式 1：一般模式
F3	DOGND	电源	数字地
F4	D6	输出	数据位 6
F5	D4	输出	数据位 4

3.2.3 项目实施

1．电路原理

此图像采集系统采用 ARM 系列 STM32 单片机作为主控制器，OV7670 作为图像传感器。通过单片机的 IO 引脚进行图像数据的采集，并进行图像显示。

单片机与图像传感器的电源电压均为 3.3V 电压，通过编写 C 语言程序，即可采集图像信息，并且进行图像信息的显示。基于 OV7670 图像传感器的图像采集系统原理图如图 3.5 所示。

2．所需材料及设备

图像传感器 OV7670、STM32 单片机最小系统、12864 显示器、直流稳压电源、实验板等。

3．电路制作

按图 3.5 所示将电路焊接在实验板上，认真检查电路，正确无误后接好 OV7670 图像传感器和电源。

4．调试

（1）制作好图像采集系统实验板，需要通过下载线将实验板连接到计算机串口。

（2）将编写好的图像采集程序下载到实验板中。

图像传感器采集程序部分程序如下：

```
int main(void)
  {
    u8 key;
    u8 lightmode = 0, saturation = 2, brightness = 2, contrast = 2;
    u8 effect = 0;
    u8 i = 0;
    u8 msgbuf[15];                           //消息缓存区
    u8 tm = 0;

    delay_init();          //延时函数初始化
  NVIC_PriorityGroupConfig(NVIC_PriorityGroup_2);     //设置中断优先级分组为组 2：2 位抢
                                                      //占优先级，2 位响应优先级
    uart_init(115200);                      //串口初始化为 115200
    usmart_dev.init(72);                    //初始化 USMART
    LED_Init();                             //初始化与 LED 连接的硬件接口
    KEY_Init();                             //初始化按键
    LCD_Init();                             //初始化 LCD
    TPAD_Init(6);                           //触摸按键初始化
    POINT_COLOR = RED;                      //设置字体为红色
    LCD_ShowString(30,50,200,16,16,"WarShip STM32");
    LCD_ShowString(30,70,200,16,16,"OV7670 TEST");
```

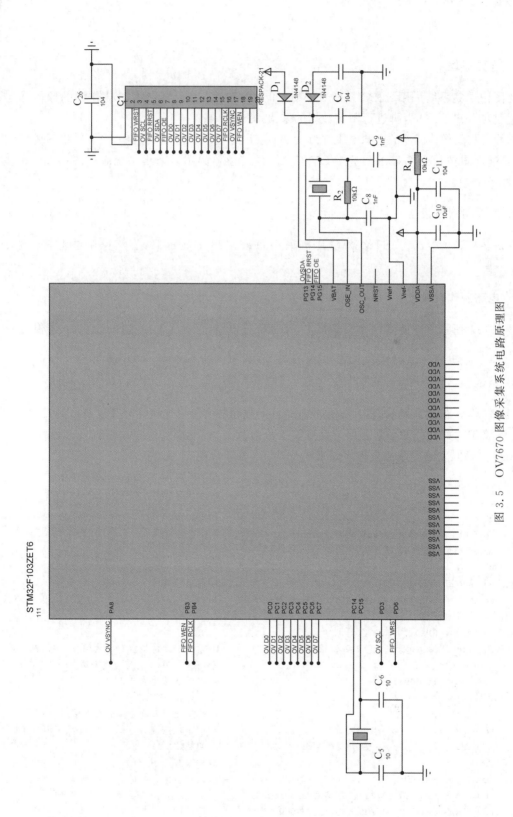

图 3.5 OV7670 图像采集系统电路原理图

```
LCD_ShowString(30,90,200,16,16,"ATOM@ALIENTEK");
LCD_ShowString(30,110,200,16,16,"2015/1/18");
LCD_ShowString(30,130,200,16,16,"KEY0:Light Mode");
LCD_ShowString(30,150,200,16,16,"KEY1:Saturation");
LCD_ShowString(30,170,200,16,16,"KEY2:Brightness");
LCD_ShowString(30,190,200,16,16,"KEY_UP:Contrast");
LCD_ShowString(30,210,200,16,16,"TPAD:Effects");
LCD_ShowString(30,230,200,16,16,"OV7670 Init...");
while(OV7670_Init())//初始化OV7670
{
    LCD_ShowString(30,230,200,16,16,"OV7670 Error!!");
    delay_ms(200);
    LCD_Fill(30,230,239,246,WHITE);
    delay_ms(200);
}
LCD_ShowString(30,230,200,16,16,"OV7670 Init OK");
delay_ms(1500);
OV7670_Light_Mode(lightmode);
OV7670_Color_Saturation(saturation);
OV7670_Brightness(brightness);
OV7670_Contrast(contrast);
OV7670_Special_Effects(effect);
TIM6_Int_Init(10000,7199);                   //10kHz计数频率,1s中断
EXTI8_Init();                                //使能定时器捕获
OV7670_Window_Set(12,176,240,320);           //设置窗口
OV7670_CS = 0;
LCD_Clear(BLACK);
while(1)
{
    key = KEY_Scan(0);                       //不支持连按
    if(key)
    {
        tm = 20;
        switch(key)
        {
            case KEY0_PRES:                  //灯光模式Light Mode
                lightmode++;
                if(lightmode > 4)lightmode = 0;
                OV7670_Light_Mode(lightmode);
                sprintf((char *)msgbuf,"%s",LMODE_TBL[lightmode]);
                break;
            case KEY1_PRES:                  //饱和度Saturation
                saturation++;
                if(saturation > 4)saturation = 0;
                OV7670_Color_Saturation(saturation);
                sprintf((char *)msgbuf,"Saturation:%d",(signed char)saturation - 2);
                break;
            case KEY2_PRES:                  //亮度Brightness
                brightness++;
                if(brightness > 4)brightness = 0;
                OV7670_Brightness(brightness);
```

```
                    sprintf((char * )msgbuf,"Brightness: % d",(signed char)brightness - 2);
                    break;
                case WKUP_PRES:                              //对比度 Contrast
                    contrast++;
                    if(contrast > 4)contrast = 0;
                    OV7670_Contrast(contrast);
                    sprintf((char * )msgbuf,"Contrast: % d",(signed char)contrast - 2);
                    break;
                }
            }
//          if(TPAD_Scan(0))                                 //检测到触摸按键
//          {
//              effect++;
//              if(effect > 6)
//              effect = 0;
//              OV7670_Special_Effects(effect);              //设置特效
//              sprintf((char * )msgbuf," % s",EFFECTS_TBL[effect]);
//              tm = 20;
//          }
            camera_refresh();                                //更新显示
            if(tm)
            {
            LCD_ShowString((lcddev. width - 240)/2 + 30,(lcddev. height - 320)/2 + 60,200,16,
16,msgbuf);
                tm -- ;
            }
            i++;
            if(i == 15)                                      //DS0 闪烁
            {
                i = 0;
                LED0 = ! LED0;
            }
        }
    }
```

（3）下载完成后,实验板上电即可显示相应的图像信息,并将采集的图像显示在显示器上。

3.2.4 知识链接

图像传感器,或称感光元件,是组成数字摄像头的重要组成部分,是一种将光学图像转换成电子信号的设备,它被广泛应用在数码相机和其他电子光学设备中。早期的图像传感器采用模拟信号,如摄像管(Video Camera Tube)。随着数码技术、半导体制造技术及网络的迅速发展,市场和业界都面临着跨越各平台的视讯、影音、通信大整合时代的到来,勾划着未来人类日常生活的美景。以其在日常生活中的应用,无疑要属数码相机产品,其发展速度可以用日新月异来形容。短短几年,数码相机就由几十万像素,发展到 400 万、500 万像素甚至更高。不仅在发达的欧美国家,数码相机已经占有很大的市场,就是在发展中的中国,数码相机的市场也在以惊人的速度增长,因此,其关键零部件——图像传感器产品就成为当前以及未来业界关注的对象,吸引着众多厂商投入。以产品类别区分,图像传感器产品主要分为 CCD、CMOS 及 CIS 传感器 3 种。本书主要介绍 CCD 摄像头以及 CMOS 摄像头两大类。图像传感器实物如图 3.6 所示。

图 3.6 图像传感器实物

1. CCD 摄像头介绍

CCD(Charge Coupled Device,电荷耦合器件)是一种半导体成像器件,因而具有灵敏度高、抗强光、畸变小、体积小、寿命长、抗震动等优点。它能够将光线变为电荷并可将电荷储存及转移,也可将存储的电荷取出使电压发生变化,因此是理想的摄像元件,是代替摄像管传感器的新型器件。

摄像头的工作原理:被摄物体反射光线,传播到镜头,经镜头聚焦到 CCD 芯片上,CCD 根据光的强弱积聚相应的电荷,经周期性放电,产生表示一幅幅画面的电信号,经过预中放电路放大、AGC 自动增益控制,由于图像处理芯片处理的是数字信号,所以经模数转换到图像数字信号处理芯片(DSP)。同步信号发生器主要产生同步时钟信号(由晶体振荡电路来完成),即产生垂直和水平的扫描驱动信号,到图像处理芯片。然后,经数模转换电路通过输出端子输出一个标准的复合视频信号。这个标准的视频信号同家用的录像机、VCD 机、家用摄像机的视频输出是一样的,所以也可以录像或接到电视机上观看。

CCD 可分为线阵 CCD、三线 CCD、面阵 CCD 和交织传输 CCD。摄像头采用是面阵 CCD 图像传感器。CCD 芯片就像人的视网膜,是摄像头的核心。CCD 彩色摄像头的主要技术指标如下。

(1) CCD 尺寸,即摄像机靶面。原多为 1/2 英寸,现在 1/3 英寸的已普及化,1/4 英寸和 1/5 英寸也已商品化。

(2) CCD 像素,是 CCD 的主要性能指标,它决定了显示图像的清晰程度,分辨率越高,图像细节的表现越好。CCD 是由面阵感光元素组成,每一个元素称为像素,像素越多,图像越清晰。现在市场上大多以 25 万和 38 万像素为划界,38 万像素以上者为高清晰度摄像机。

(3) 水平分辨率。彩色摄像机的典型分辨率是在 320~500 线,主要有 330 线、380 线、420 线、460 线、500 线等不同档次。分辨率是用电视线(简称线 TV LINES)来表示的,彩色摄像头的分辨率在 330~500 线。分辨率与 CCD 和镜头有关,还与摄像头电路通道的频带宽度直接相关,通常规律是 1MHz 的频带宽度相当于清晰度为 80 线。频带越宽,图像越清晰,线数值相对越大。

(4) 最小照度,也称为灵敏度。是 CCD 对环境光线的敏感程度,或者说是 CCD 正常成像时所需要的最暗光线。照度的单位是勒克斯(lux),数值越小,表示需要的光线越少,摄像头也越灵敏。月光级和星光级等高增感度摄像机可工作在很暗条件,2~3lux 属一般照度,现在也有低于 1lux 的普通摄像机问世。

(5) 扫描制式。有 PAL 制和 NTSC 制之分。

(6) 信噪比。典型值为 46dB,若为 50dB,则图像有少量噪声,但图像质量良好;若为 60dB,则图像质量优良,不出现噪声。

（7）视频输出。多为 1Vp-p、75Ω。

（8）镜头安装方式。有 C 和 CS 方式,二者间不同之处在于感光距离不同。

（9）摄像头的像素。SXGA(1 280×1 024)又称 130 万像素,XGA(1 024×768)又称 80 万像素,SVGA(800×600)又称 50 万像素,VGA(640×480)又称 30 万像素(35 万像素是指 648×488),CIF(352×288)又称 10 万像素,SIF/QVGA(320×240)。

2. CMOS 摄像头介绍

CMOS(Complementary Metal-Oxide Semiconductor,金属氧化物半导体元件)传感器采用一般半导体电路最常用的 CMOS 工艺,具有集成度高、功耗小、速度快、成本低等特点,最近几年在宽动态、低照度方面发展迅速。CMOS 即互补性金属氧化物半导体,主要是利用硅和锗两种元素制成的半导体,通过 CMOS 上带负电和带正电的晶体管来实现基本的功能。这两个互补效应所产生的电流即可被处理芯片记录和解读成影像。CMOS 摄像头的工作原理如图 3.7 所示。

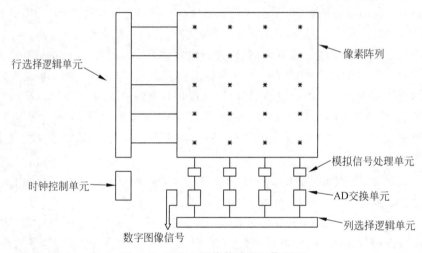

图 3.7　CMOS 图像传感器工作原理

CMOS 摄像头的工作原理:当外界光照射像素阵列,发生光电效应,在像素单元内产生相应的电荷。行选择逻辑单元根据需要,选通相应的行像素单元。行像素单元内的图像信号通过各自所在列的信号总线传输到对应的模拟信号处理单元以及 A/D 转换器,转换成数字图像信号输出。其中的行选择逻辑单元可以对像素阵列逐行扫描,也可隔行扫描。行选择逻辑单元与列选择逻辑单元配合使用可以实现图像的窗口提取功能。模拟信号处理单元的主要功能是对信号进行放大处理,并且提高信噪比。

另外,为了获得质量合格的实用摄像头,芯片中必须包含各种控制电路,如曝光时间控制、自动增益控制等。为了使芯片中各部分电路按规定的节拍动作,必须使用多个时序控制信号。为了便于摄像头的应用,还要求该芯片能输出一些时序信号,如同步信号、行起始信号、场起始信号等。

CMOS 图像传感器的特性如下。

（1）光照特性。

CMOS 图像传感器的主要应用也是图像的采集,也要求能够适应更宽的光照范围。因此也必须采用非线性的处理方法和自动调整曝光时间与自动增益等处理方法。结果与CCD相机一样损失了光电转换的线性,正因为此原因,它也受限于灰度的测量。

（2）输出特性。

CMOS图像传感器的突出优点在于输出特性,它可以部分输出任意区域范围内的图像。（不是所有CMOS传感器都具有这个功能）这个特性在跟踪、寻的、搜索及室外拍照等的应用前景非常好,也是CCD传感器所无法办到的。

（3）光谱响应。

光谱响应受半导体材料限制,同种硅材料的光谱响应基本一致,与CCD的光谱响应基本一致。

（4）光敏单元的不均匀性。

光敏单元的不均匀性是CMOS图像传感器的弱项,因为它的光敏单元不像CCD那样严格地在同一硅片上用同样的制造工艺制造,因此远不如CCD的光敏单元的一致性好;但是它内部集成单元多、处理能力强,能够弥补这个缺陷。

3. CCD与CMOS图像传感器的对比

在选择摄像头时,镜头是很重要的。按感光器件类别来分,现在市场上摄像头使用的镜头大多为CCD和CMOS两种,其中CCD因为价格较高而更多应用在摄像、图像扫描方面的高端技术组件;CMOS则大多应用在一些低端视频产品中。感光器件是摄像头主要的技术核心,对于CCD和CMOS两种镜头而言,二者各有优点。

CCD的优点是灵敏度高、噪声小、信噪比大。但是生产工艺复杂、成本高、功耗高。

CMOS的优点是集成度高、功耗低（不到CCD的1/3）、成本低。但是噪声比较大、灵敏度较低、对光源要求高。

在相同像素下CCD的成像往往通透性、明锐度都很好,色彩还原、曝光可以保证基本准确。而CMOS的产品往往通透性一般,对实物的色彩还原能力偏弱,曝光也都不太好。

目前,市场销售的数码摄像头中,基本是采用CMOS的摄像头。在采用CMOS为感光元器件的产品中,通过采用影像光源自动增益补强技术,自动亮度、白平衡控制技术,色饱和度、对比度、边缘增强以及γ矫正等先进的影像控制技术,完全可以达到与CCD摄像头相媲美的效果。受市场情况及市场发展等情况的限制,摄像头采用CCD图像传感器的厂商为数不多,主要原因是采用CCD图像传感器成本高。

在模拟摄像机以及标清网络摄像机中,CCD的使用最为广泛,长期以来都在市场上占有主导地位。CCD的特点是灵敏度高,但响应速度较低,不适用于高清监控摄像机采用的高分辨率逐行扫描方式,因此进入高清监控时代以后,CMOS逐渐被人们所认识,高清监控摄像机普遍采用CMOS感光器件。

CMOS针对CCD最主要的优势就是非常省电。不像由二级管组成的CCD,CMOS电路几乎没有静态电量消耗,这就使得CMOS的耗电量只有普通CCD的1/3左右,CMOS重要问题是在处理快速变换的影像时,由于电流变换过于频繁而过热,暗电流抑制得好就问题不大,如果抑制得不好就十分容易出现噪点。

已经研发出720P与1080P专用的背照式CMOS器件,其灵敏度性能已经与CCD接近。与表面照射型CMOS传感器相比,背照式CMOS在灵敏度(S/N)上具有很大优势,显著提高低光照条件下的拍摄效果,因此在低照度环境下拍摄,能够大幅降低噪点。

虽然以 CMOS 技术为基础的百万像素摄像机产品在低照度环境和信噪处理方面存在不足,但这并不会根本上影响它的应用前景。而且相关国际大企业正在加大力度解决这两个问题,相信在不久的将来,CMOS 的效果会越来越接近 CCD 的效果,并且 CMOS 设备的价格会低于 CCD 设备。

安防行业使用 CMOS 多于 CCD 已经成为不争的事实,尽管相同尺寸的 CCD 传感器分辨率优于 CMOS 传感器,但如果不考虑尺寸限制,CMOS 在量率上的优势可以有效克服大尺寸感光元件制造的困难,这样 CMOS 在更高分辨率下将更有优势。另外,CMOS 响应速度比 CCD 快,因此更适合高清监控的大数据量特点。

4. OV7670 的相关知识

(1) OV7670 图像传感器的特点

OV7670 图像传感器具有以下几个特点:高灵敏度,适合低照度应用;低电压,适合嵌入式应用;标准的 SCCB 接口,兼容 I^2C 接口;RawRGB、RGB(GRB4∶2∶2,RGB565/555/444)、YUV(4∶2∶2)和 YCbCr(4∶2∶2)输出格式;支持 VGA、CIF 以及从 CIF 到 $40×30$ 的各种尺寸;VarioPixel 子采样方式;自动影响控制功能,包括自动曝光控制、自动增益控制、自动白平衡、自动消除灯光条纹、自动黑电平校准;图像质量控制,包括色饱和度、色相、γ 矫正、锐度和 ANTI_BLOOM;ISP 具有消除噪声和坏点补偿功能;支持闪光灯,包括 LED 灯和氙灯;支持图像缩放;镜头失光补偿;50/60Hz 自动检测;饱和度自动调节(UV 调整);边缘增强自动调节;降噪自动调节。

(2) OV7670 的功能模块介绍

OV7670 图像传感器的功能模块如图 3.8 所示。其功能模块包括以下几个部分。

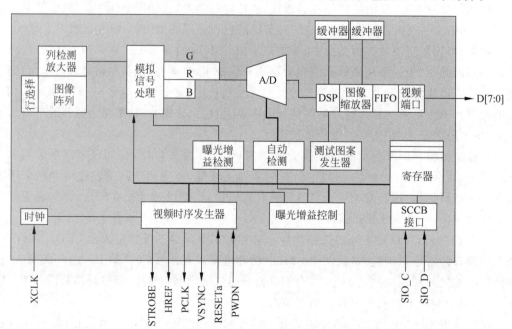

图 3.8　OV7670 功能模块

① 感光阵列（共有 656×488 个像素，其中在 YUV 的模式中，有效像素为 640×480 个）。

② 模拟信号处理：这个模块执行所有模拟功能，包括自动增益和自动白平衡。

③ A/D 转换：原始的信号经过模拟处理器模块之后，分 g 和 BR 两路进入一个 10 位的 A/D 转换器，A/D 转换器工作在 12MHz，与像素频率完全同步（转换频率和帧率有关）。除 A/D 转换器外，该模块还有以下 3 个功能，即黑电平校正（BLC）、U/V 通道延迟、A/D 范围控制。A/D 范围乘积和 A/D 的范围控制共同设置 A/D 的范围和最大值，允许用户根据应用调整图片的亮度。

④ 测试图案发生器：测试图案发生器有以下功能：八色彩色条图案；渐变至黑白彩色条图案；输出脚移位"1"。

⑤ 数字信号处理器：这个模块控制由原始信号插值到 RGB 信号的过程，并控制一些图像质量：边缘锐化（二维高通滤波器）；颜色空间转换（原始信号到 RGB 或者 YUV/YCbYCr）；RGB 色彩矩阵以消除串扰；色相和饱和度的控制；黑/白点补偿；降噪；镜头补偿；可编程的 γ 矫正；10 位到 8 位数据转换。

⑥ 图像缩放：这个模块按照预先设置的要求输出数据格式，能将 YUV/RGB 信号从 VGA 缩小到 CIF 以下的任何尺寸。

⑦ 时序发生器：通常时序发生器有以下功能：阵列控制和帧率发生；内部信号发生器和分布；帧率的时序；自动曝光控制；输出外部时序（VSYNC、HREF/HSYNC 和 PCLK）。

⑧ 数字视频端口：寄存器 COM2[1∶0]调节 I_{OL}/I_{OH} 的驱动电流，以适应用户的负载。

⑨ SCCB 接口：SCCB 接口控制图像传感器芯片的运行。

⑩ LED 和闪光灯输出控制。OV7670 有闪光灯模式，控制外接闪光灯或闪光 LED 的工作。

（3）OV7670 的图像数据输出格式

VGA，即分辨率为 640×480 的输出模式。

QVGA，即分辨率为 320×240 的输出格式。

QQVGA，即分辨率为 160×120 的输出格式。

PCLK，即像素时钟，一个 PCLK 时钟输出一个像素（或半个像素）。

VSYNC 即帧同步信号。

HREF/HSYNC，即行同步信号。

OV7670 的图像数据输出就是在 PCLK PCLKPCLK、VSYNC 和 HREF/HSYNC 的控制下进行的。首先看输出时序，如图 3.9 所示。

从图 3.9 可以看出，像数据在 HREF 为高电平时输出，当 HREF 变为高电平后，每个 PCLK 时钟输出一个字节数据。比如采用 VGA 时序，RGB565 格式输出，每 2 字节组成一个像素的颜色（高字节在前，低后），这样每行输出总共有 640×2 个 PCLK 周期，输出 640×2 字节。

再来看帧时序（VGA 模式），如图 3.10 所示。

图 3.10 清楚地表示了 OV7670 在 VGA 模式下的数据输出。注意，图中的 HSYNC 和 HREF 其实是同一个引脚产生的信号，只是在不同场合下，使用不同的信号方式。

（4）存储读取图像数据的过程

① 存储图像数据。ALIENTEK OV7670 摄像头模块存储图数据的过程为：等待

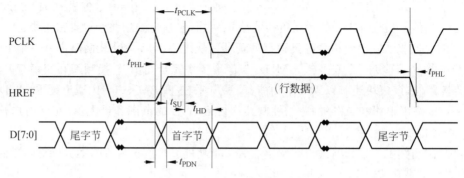

图 3.9　OV7670 行输出时序

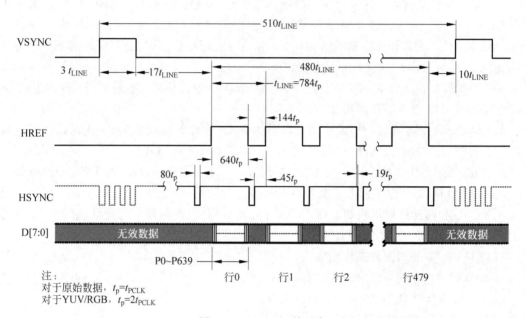

注:
对于原始数据, $t_p=t_{PCLK}$
对于 YUV/RGB, $t_p=2t_{PCLK}$

图 3.10　OV7670 帧时序

OV7670 同步信号→FIFOF 写指针复位→FIFO 写使能→等待第二个 OV7670 同步信号→FIFO 写禁止。通过以上 5 个步骤,就完成了 1 帧图像数据的存储。

② 读取图像数据。在存储完一帧图像以后,就可开始读取数据了。过程为:FIFO 读指针复位→给 FIFO 读时钟(FIFO_RCL)→读取第一个像素高字节→给 FIFO 读时钟→读取第一个像素低字节→给 FIFO 读时钟→读取第二个像素高字节→循环读取剩余像素→结束。

5. 图像传感器的应用

(1) 微型摄像机。

在很多应用场合,隐蔽摄像机必须大大缩小摄像机的体积,采用 CMOS 图像传感器可方便地做到这一点。目前国内市场上销售的 DV-5016 型微型黑白摄像机(16mm×16mm×12mm),其功耗只有 50mW,配以高效可充电电池,即使全天候工作,也不会电路过热和图像质量变差。近来推出中分辨率的 CMOS 黑白微型摄像机,其灵敏度可达 0.1 lx,图像清晰度可等同于 CCD 摄像机。目前可视门铃或可视电话都是 CCD 非隐蔽式的。随着治安要求不断提高，为确保门外或室内外的摄像系统不被识破而遭到破坏，在室内外安装隐蔽式摄像系统将成为家用消费系统的一种趋势。对于 CMOS 微型摄像机，只要配有管状镜头，就能达到隐蔽而难被破坏的目的。

微型 CMOS 摄像机的各种配置已在汽车尾视、内视-Tax 司机的监视系统、塔吊起重、汽车防盗、电梯监控、超市防盗、银行监控、焦点采访、监狱、辑私等许多领域中得到应用。由于其安装简便、使用方便、能自动启动、可自动录像、费用低而使其应用也越来越广泛。

（2）数码相机。

人们使用胶卷照相机已经上百年了，20 世纪 80 年代以来，人们利用高新技术，发展了不用胶卷的 CCD 数码相机，使传统的胶卷照相机产生了根本的变化。电可写可控的廉价快闪（Flash）ROM 的出现，以及低功耗、低价位的 CMOS 摄像头的问世，为数码相机打开了新的局面。数码相机的内部装置已经和传统照相机完全不同了，彩色 CMOS 摄像头在电子快门的控制下，摄取一幅照片存在 DRAM 中，然后再转至快闪 ROM 中存放起来。根据快闪ROM 的容量和图像数据的压缩水平，可以决定能照相片的张数。如果将 ROM 换成PCMCIA 卡，就可以通过换卡扩大数码相机的容量，就像更换胶卷一样，将数码相机的数字图像信息转存至 PC 的硬盘中存储，就可大大方便照片的存储、检索、处理、编辑和传送。

（3）手表式摄像机。

英国布里斯托尔惠普研究实验室的一个研究小组研制出新型手表式摄像机。这种摄像机利用单个芯片来实现摄像机所需的大部分功能，能置于手表中处理和显示所拍摄的静止或运动图像。

这种芯片同时获取和处理图像，还可与手表或移动电话等共享电源。利用特殊的端口，新型摄像机还可与现有摄像机或电视相连。据英国布里斯托尔惠普研究室的研究人员介绍，将来通过增加红外线或无线电通信端口，手表式摄像机还有可能直接从 PC 或电视机中下载图像。

（4）相机电话。

CMOS 传感器被认为是相机电话的理想解决方案，不过 CCD 传感器在 Sanyo 的大力推广下，采用帧传输的方式来降低其功耗，反而成为目前日本相机电话的主流选择。展望2003 年，随着 Sanyo 推出 VGA 低功耗 CCD 传感器，相机电话仍会以 CCD 传感器为大宗，CMOS 传感器则以外挂式的相机模块作为其主要应用。不过，2004 年以后，当相机电话用CMOS 传感器迈入 130 万像素时代时，CCD 传感器能否迎头赶上还是未知数；Sanyo 的数据显示，目前该公司也没有把握将百万像素以上的 CCD 传感器的功耗降至手机可接受的80～100mW，因此，相机电话未来是否仍有 CCD 的发展空间，目前仍难以下定论。目前看来，许多 CMOS 传感器商家计划在 2003 年 2 季度之前推出百万像素级、1/4 英寸的相机电话用传感器，届时 CIF 等级的产品更可望缩小至 1/14 英寸，从而大幅降低成本。在越来越多的手机商家将相机模块导入低端手机后，CMOS 传感器将有望超越 CCD 传感器成为市场上的主流产品。

（5）其他应用和市场。

CMOS 图像传感器是一种多功能传感器，由于它兼具 CCD 图像传感器的性能，因此可进入 CCD 的应用领域，但它又有自己独特的优点，所以为自己开拓了许多新的应用领域。

目前主要应用是保安监控系统和 PC 摄像机。除了上述主要应用外,CMOS 图像传感器还可应用于数字静态摄像机和医用小型摄像机等。例如,心脏外科医生可以在患者胸部安装一个小"硅眼",以便在手术后监视手术效果,CCD 就很难实现这种应用。

在 CMOS 图像传感器中,由于集成了多种功能,使得以往许多无法运用图像技术的地方,能够广泛地应用图像技术,如带照相机的移动电话、指纹识别系统、嵌入在显示器和膝上型电脑显示器中的摄像机、一次性照相机等。

3.2.5　项目总结

通过本项目的学习,应掌握以下知识重点:①理解 OV7670 图像传感器的特性;②掌握 OV7670 图像传感器的图像采集方法;③掌握图像采集系统电路的原理。

通过本项目的学习,应掌握以下实践技能:①能正确使用 OV7670 图像传感器;②掌握图像采集系统电路的调试方法。

项目 3.3　接近开关传感器在金属探测器系统的应用

3.3.1　项目目标

通过接近开关传感器金属探测器电路的制作和调试,掌握接近开关传感器的特性、电路原理和调试技能。

以接近开关传感器作为检测元件制作金属探测器,能够显示检测金属的数量。

3.3.2　项目方案

设计基于接近开关传感器金属探测器系统,以 AT89C52 单片机为核心控制单元,通过对金属信息采集与处理,获取当前金属的数量,并且通过 LCD1602 显示当前检测金属的数量。金属探测器系统框图如图 3.11 所示。

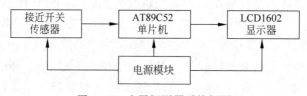

图 3.11　金属探测器系统框图

3.3.3　项目实施

1. 电路原理图

此金属探测器电路采用 AT89C52 单片机作为主控制器,接近开关作为传感器。通过单片机的 IO 引脚进行金属数据的采集,并进行金属数量的显示。

单片机与接近开关传感器的电源电压均为 5V,通过编写 C 语言程序,采集金属的数量信息,并且进行数量信息的显示。接近开关金属探测器电路原理如图 3.12 所示。

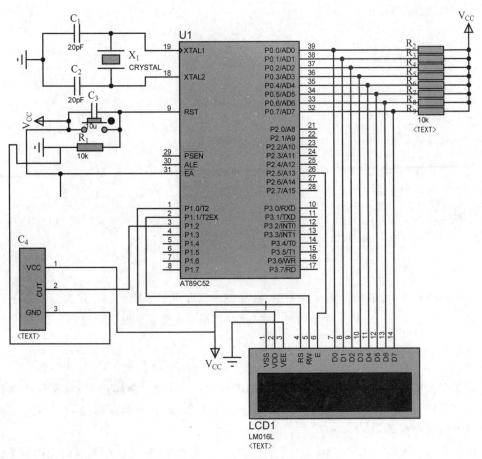

图 3.12　接近开关金属探测器电路原理

此项目主要使用以下器件：电感式接近开关传感器 LJ12A3-4-Z/BY、AT89C52 单片机最小光强度系统、杜邦线、模拟金属障碍物等。

2．实施步骤

（1）准备好单片机最小系统实验板、接近开关 LJ12A3-4-Z/BY。

（2）将传感器正确安装在单片机最小系统实验板上。

（3）将编写好的金属探测器的程序下载到实验板中。此部分查看附录。

基于接近开关的金属探测器部分程序如下：

```
void main()
{
    uchar num,ge,shi;
    P0 = 0x00;
//  led = 1;
//  beep = 1;
    LCD_Init();
    while(1)
    {
```

65

```
            if(out == 0)
            {
                num++;
                if(num == 160)
                    num = 0;
                while(!out);
            }
            else
            {
            }
            shi = num/10;
            ge = num % 10;
            LCD_WriteCom(0x80)                                    ;
LCD_WriteData('0' + num/10);
LCD_WriteData('0' + num % 10) ;
        }
}
```

（4）下载完成后，单片机实验板上电，液晶显示器即可显示检测的金属数量。

（5）当接近开关传感器接近金属时，观察液晶显示器上数值的变化，并做好记录和分析。

3.3.4 知识链接

金属探测器因其功能和市场应用领域的不同，分为通道式金属探测器（又称金属探测门，简称安检门）、手持式金属探测器、便携式金属探测器、台式金属探测器、工业用金属探测器和水下金属探测器。

现如今各行各业都加强了保安工作的部署，正是受此影响，金属探测器的应用领域也成功地渗透到其他行业，如高考进入考场前的检查、娱乐场所。公共娱乐场所的治安问题历来是社会各界关注的焦点，也是治安管理工作的难点。据统计，每年娱乐场所恶性打架斗殴事件和刑事案件发案率占60％以上，其作案凶器均是消费者随身带入娱乐场所。然而，此时简单的通道式金属探测门已不能完全满足安检的要求，安保人员需要的是一种能准确判定金属物品藏匿位置的安检产品。于是多区位金属探测技术应运而生，它的诞生是金属探测器发展史上的又一次变革，原来单一的磁场分布变成了现在相互叠和而又相对独立的多个磁场，再根据人体工程学原理把门体分为多个区段，使之与人体相对应，相应的区段在金属探测门上形成相对的区域，这样金属探测门便拥有了报警定位功能。

金属探测器在国防、公安、地址等部门有着广泛的应用。常见的金属探测器大都是利用金属物体对电磁信号产生涡流效应的原理。探测方法一般有3种。

① 频移识别：利用金属物体使电路电信号频率改变来识别金属物体的存在。

② 场强识别：利用金属物体对信号产生谐波的场强变化使振幅随之变化来识别金属物体。

③ 相移识别：利用金属对信号产生谐波的相位变化来识别金属物体。本探测器利用第②种识别方法进行设计。利用探头线圈产生交变电磁场在被测金属物体中感应出涡流，涡流产生作用，作用于探头，使探头线圈阻抗发生变化，从而使探测器的振荡器振幅也发生变化。该振幅变化量作为探测信号，经放大、变换后转换成音频信号，驱动音响电路发声，音

频信号随被测金属物的大小及距离的变化而变化。接近开关实物如图 3.13 所示。

1. 接近开关的特性

（1）非接触检测，避免了对传感器自身和目标物的损坏。

（2）无触点输出，操作寿命长。

（3）即使在有水或油喷溅的苛刻环境中也能稳定检测。

（4）反应速度快。

（5）小型感测头，安装灵活。

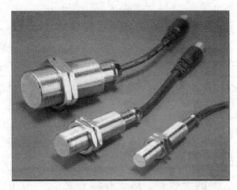

图 3.13　接近开关实物

阅读资料：

金属探测器是采用线圈的电磁感应原理来探测金属的。根据电磁感应原理，当有金属物靠近通电线圈平面附近时，将发生线圈介质条件的变化和涡流效应两个现象。当有金属靠近通电线圈平面附近时，将使通电线圈周围的磁场发生变化。

根据电磁理论，当金属物体被置于变化的磁场中时，金属导体内就会产生自行闭合的感应电流，这就是金属的涡流效应。涡流要产生附加的磁场，与外磁场方向相反，削弱外磁场的变化。据此，将一交流正弦信号接入绕在骨架上的空心线圈上，流过线圈的电流会在周围产生交变磁场，当将金属靠近线圈时，金属产生的涡流磁场的去磁作用会削弱线圈磁场的变化。金属的电导率 σ 越大，交变电流的频率越大，则涡流强度越大，对原磁场的抑制作用越强。

通过以上分析可知，当有金属物靠近通电线圈平面附近时，无论是介质磁导率的变化，还是金属的涡流效应均能引起磁感应强度 B 的变化。对于非铁磁性的金属，包括抗磁体（如金、银、铜、铅、锌等）和顺磁体（如锰、铬、钛等），$\mu_r \approx 1$，σ 较大，可以认为是导电不导磁的物质，主要产生涡流效应，磁效应可忽略不计；对于铁磁性金属（如铁、钴、镍），μ_r 很大，σ 也较大，可认为是既可导电又可导磁的物质，主要产生磁效应，同时又有涡流效应。

---

2. 接近开关的工作原理

接近开关的工作原理示意图如图 3.14 所示。振荡电路中的线圈 L 产生一个高频磁场。当目标物接近磁场时，由于电磁感应在目标物中产生一个感应电流（涡电流），随着目标物接近传感器，感应电流增强，引起振荡电路中的负载加大。然后，振荡减弱直至停止。传感器利用振幅检测电路检测到振荡状态的变化，并输出检测信号。

接近开关是一种无须与运动部件进行机械直接接触而可以操作的位置开关，当物体接近开关的感应面到至可触发动作的距离时，不需要机械接触及施加任何压力即可使开关动作，从而驱动直流电器或给计算机（PLC）装置提供控制指令。接近开关是一种开关型传感器（即无触点开关），它既有行程开关、微动开关的特性，同时又具有传感性能，且动作可靠、性能稳定、频率响应快、应用寿命长、抗干扰能力强等，并具有防水、防震、耐腐蚀等特点。

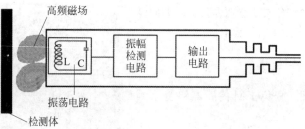

图 3.14　接近开关工作原理示意图

阅读资料：接近开关分类

接近开关的作用是当某物体与接近开关接近并达到一定距离时，能发出信号。它不需要外力施加，是一种无触点式的主令电器。它的用途已远远超出行程开关所具备的行程控制及限位保护。接近开关可用于高速计数、检测金属体的存在、测速、液位控制、检测零件尺寸以及用作无触点式按钮等。

就目前应用较为广泛的接近开关，按工作原理可以分为以下几种类型：高频振荡型（电感型），用以检测各种金属体；电容型，用以检测各种导电或不导电的液体或固体；光电型，用以检测所有不透光物质；超声波型，用以检测不透过超声波的物质；电磁感应型，用以检测导磁或不导磁金属。

按其外形可分为圆柱形、方形、沟型、穿孔（贯通）型和分离型。圆柱形比方形安装方便，但其检测特性相同，沟型的检测部位是在槽内侧，用于检测通过槽内的物体，贯通型在我国很少生产，而日本则应用较为普遍，可用于小螺钉或滚珠之类的小零件和浮标组装成水位检测装置等。

（1）无源接近开关。

这种开关不需要电源，通过磁力感应控制开关的闭合状态。当磁质或者铁质触发器靠近开关磁场时，由开关内部磁力作用控制闭合。特点是不需要电源、非接触式、免维护、环保。

（2）涡流式接近开关。

这种开关也叫电感式接近开关，它是利用导电物体在接近这个能产生电磁场的接近开关时，使物体内部产生涡流。这个涡流反作用到接近开关，使开关内部电路参数发生变化，由此识别出有无导电物体移近，进而控制开关的通断。

（3）电容式接近开关。

这种开关的测量头构成电容器的一个极板，而另一个极板是开关的外壳。这个外壳在测量过程中通常接地或与设备的机壳相连接。当有物体移向接近开关时，不论它是否为导体，由于它的接近，总要使电容的介电常数发生变化，从而使电容量发生变化，使得和测量头相连的电路状态也随之发生变化，由此便可控制开关的接通或断开。这种接近开关检测的对象，不限于导体，也可以是绝缘的液体或粉状物等。

（4）霍尔接近开关。

利用磁敏元件——霍尔元件做成的开关，叫作霍尔开关。当磁性物件移近霍尔开关时，开关检测面上的霍尔元件因产生霍尔效应而使开关内部电路状态发生变化，由此识别附近有无磁性物体存在，进而控制开关的通断。这种接近开关的检测对象必须是磁性物体。

（5）光电式接近开关。

利用光电效应做成的开关叫光电开关。将发光器件与光电器件按一定方向装在同一个检测头内。当有被检测物体的反光面接近时，光电器件接收到反射光后便在信号端输出，由此便可"感知"有物体接近。

（6）热释电式接近开关。

用能感知温度变化的元件做成的开关叫热释电式接近开关。这种开关是将热释电器件安装在开关的检测面上，当有与环境温度不同的物体接近时，热释电器件的输出发生变化，由此即可检测出有物体接近。

（7）其他形式的接近开关。

当观察者或系统对波源的距离发生改变时，接近到的波的频率会发生偏移，这种现象称为多普勒效应。声呐和雷达就是利用这个效应的原理制成的。利用多普勒效应可制成超声波接近开关、微波接近开关等。当有物体移近时，接近开关接收到的反射信号会产生多普勒频移，由此可以识别出有无物体接近。

3．接近开关的操作流程

接近开关的输出信号为数字信号，因此可以直接输入到单片机的 IO 口，当检测到有金属时，OUT 的信号为低电平状态，也就是当单片机检测到低电平时，即可认为检测到金属。具体的程序语句为：

```
if(out == 0)
    {
        num++;
        if(num == 160)
            num = 0;
        while(!out);
    }
```

4．接近开关的应用

（1）检验距离。

检测电梯、升降设备的停止、起动、通过位置；检测车辆的位置，防止两物体相撞检测；检测工作机械的设定位置，移动机器或部件的极限位置；检测回转体的停止位置，阀门的开或关位置；检测汽缸或液压缸内的活塞移动位置。

（2）尺寸控制。

金属板冲剪的尺寸控制装置；自动选择、鉴别金属件长度；检测自动装卸时堆物高度；检测物品的长、宽、高和体积。

（3）检测物体存在。

检测生产包装线上有无产品包装箱；检测有无产品零件。

（4）转速与速度控制。

控制传送带的速度；控制旋转机械的转速；与各种脉冲发生器一起控制转速和转数。

（5）计数及控制。

检测生产线上流过的产品数；高速旋转轴或盘的转数计量；零部件计数。

（6）检测异常。

检测瓶盖有无；产品合格与不合格判断；检测包装盒内的金属制品缺乏与否；区分金属与非金属零件；产品有无标牌检测；起重机危险区报警；安全扶梯自动启停。

（7）计量控制。

产品或零件的自动计量；检测计量器、仪表的指针范围而控制数或流量；检测浮标控制测面高度、流量；检测不锈钢桶中的铁浮标；仪表量程上限或下限的控制；流量控制，水平面控制。

（8）识别对象。

根据载体上的条形码或二维码等识别是与非。

（9）信息传送。

ASI(总线)连接设备各个位置上的传感器在生产线（50～100m）中的数据往返传送等。

阅读资料：电感式接近开关

电感式接近开关又称为电涡流接近开关，属于一种开关量输出的位置传感器。它由 LC 高频振荡器和放大处理电路组成，利用金属物体在接近这个能产生交变电磁场的振荡感辨头时，使物体内部产生涡流。这个涡流反作用于接近开关，使接近开关振荡能力衰减，内部电路的参数发生变化，由此识别出有无金属物体接近，进而控制开关的通或断。这种接近开关所能检测的物体必须是导电性能良好的金属物体。

电感式接近开关由三大部分组成，包括振荡器、开关电路及放大输出电路。振荡器产生一个变交磁场，并达到感应距离时，在金属目标内产生涡流，从而导致振荡衰减，以至停振。振荡器振荡及停振的变化被后级放大电路处理并转换成开关信号，触发驱动控制器件，从而达到非接触式的检测目的。

目标离传感器越近，线圈内的阻尼就越大，阻尼越大，传感器振荡器的电流就越小。

电感式接近开关的工作原理框图如图 3.15 所示。

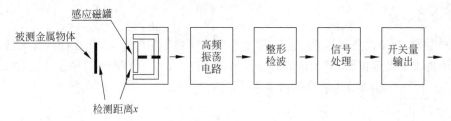

图 3.15　电感式接近开关工作原理框图

电感式接近开关的特性。

（1）动作（检测）距离。动作距离是指检测体按一定方式移动时，从基准位置（接近开关的感应表面）到开关动作时测得的基准位置到检测面的空间距离。额定动作距离是指接近开关动作距离的标称值。

（2）设定距离。它指接近开关在实际工作中的整定距离，一般为额定动作距离的0.8倍。被测物与接近开关之间的安装距离一般等于额定动作距离，以保证工作可靠。安装后还须通过调试，然后紧固。

（3）复位距离。接近开关动作后，又再次复位时与被测物的距离，它略大于动作距离。

（4）回差值。动作距离与复位距离之间的绝对值。回差值越大，对外界的干扰以及被测物的抖动等的抗干扰能力就越强。接近开关的检测距离与回差示意图如图3.16所示。

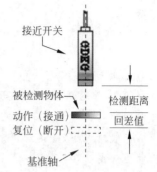

图3.16　接近开关的检测距离与回差示意图

电涡流线圈的阻抗变化与金属导体的电导率、磁导率等有关。对于非磁性材料，被测体的电导率越高，则灵敏度越高；被测体是磁性材料时，其磁导率将影响电涡流线圈的感抗，其磁滞损耗还将影响电涡流线圈的 Q 值。磁滞损耗大时，其灵敏度通常较高。不同材料的金属检测物对电涡流接近开关动作距离的影响见表3.2。

表3.2　不同材料的金属检测物对电涡流接近开关动作距离的影响（以 Fe 为参考金属）

材料	铁	镍铬合金	不锈钢	黄铜	铝	铜
动作距离	100％	90％	85％	30％～45％	20％～35％	15％～30％

（5）标准检测体。可与现场被检测金属作比较的标准金属检测体。标准检测体通常为正方形的 A3 钢，厚度为 1mm，所采用的边长是接近开关检测面直径的 2.5 倍。

（6）接近开关的安装方式。分为齐平式和非齐平式。齐平式（又称埋入型）的接近开关表面可与被安装的金属物件形成同一表面，不易被碰坏，但灵敏度较低；非齐平式（非埋入安装型）的接近开关则需要把感应头露出一定高度，否则将降低灵敏度，如图3.17所示。

（7）响应频率 f。按规定，在 1s 的时间间隔内，接近开关动作循环的最大次数，重复频率大于该值时，接近开关无反应。

（8）响应时间 t。接近开关检测到物体时刻到接近开关出现电平状态翻转的时间之差。可用公式换算：$t=1/f$。响应频率及响应时间示意图如图3.18所示。

图3.17　接近开关的安装方式

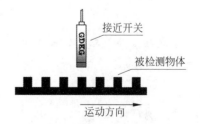

图3.18　响应频率及响应时间示意图

（9）输出状态。常开或常闭型接近开关。

① 当无检测物体时,对常开型接近开关而言,由于接近开关内部的输出三极管截止,所接的负载不工作(失电);当检测到物体时,内部的输出级三极管导通,负载得电工作。

② 对常闭型接近开关而言,当未检测到物体时,三极管反而处于导通状态,负载得电工作;反之则负载失电。

（10）导通压降。接近开关在导通状态时,开关内部的输出三极管集电极与发射极之间的电压降。一般情况下,导通压降约为0.3V。导通压降示意图如图3.19所示。

以NPN型输出的接近开关为例

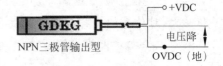

图 3.19 导通压降示意图

常用的输出形式有 NPN 二线、NPN 三线、NPN 四线、PNP 二线、PNP 三线、PNP 四线、DC 二线、AC 二线、AC 五线(带继电器)等几种。输出示意图如图 3.20 所示。

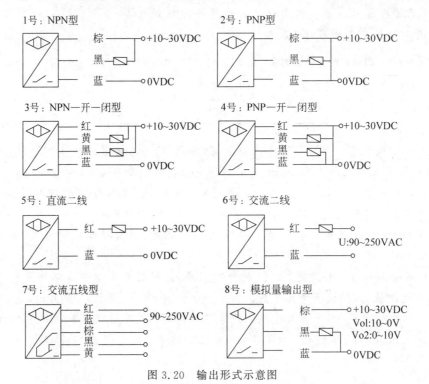

图 3.20 输出形式示意图

电感式接近开关应用领域有计数、感应物体有无、测量转数、限位控制、距离控制、尺寸控制、检测异常等。

3.3.5 项目总结

通过本项目的学习,应掌握以下重点知识:①理解接近开关传感器的特性;②理解金属检测电路的原理。

通过本项目的学习,应掌握以下实践技能:①能正确使用接近开关传感器;②掌握金属检测电路的调试方法;③掌握接近开关传感器的金属检测方法。

阅读材料3 避障技术的最新发展

避障是指移动机器人在行走过程中,通过传感器感知到在其规划路线上存在静态或动态障碍物时,按照一定的算法实时更新路径,绕过障碍物,最后达到目标点。

不管是要进行导航规划还是避障,感知周边环境信息是第一步。就避障来说,移动机器人需要通过传感器实时获取自身周围障碍物信息,包括尺寸、形状和位置等信息。避障使用的传感器多种多样,各有不同的原理和特点,目前常见的主要有视觉传感器、激光传感器、红外传感器、超声波传感器等。接下来简单介绍几种避障传感器的基本工作原理。

1. 超声波传感器

超声波传感器的基本原理是测量超声波的飞行时间,通过 $d=vt/2$ 测量距离,其中 d 是距离,v 是声速,t 是飞行时间。由于超声波在空气中的速度与温湿度有关,在比较精确的测量中,需把温湿度的变化和其他因素考虑进去。

通过压电或静电变送器产生一个频率在几十千赫的超声波脉冲组成波包,系统检测高于某阈值的反向声波,检测到后使用测量到的飞行时间计算距离。超声波传感器一般作用距离较短,普通的有效探测距离都在几米,但是会有一个几十毫米左右的最小探测盲区。由于超声波传感器的成本低、实现方法简单、技术成熟,因此是移动机器人中常用的传感器。

超声波的测量周期较长,比如3m左右的物体,声波传输这么远的距离需要约20ms的时间。再者,不同材料对声波的反射或者吸引是不相同的,另外多个超声波传感器之间有可能会互相干扰,这都是实际应用过程中需要考虑的。

2. 红外传感器

一般的红外测距都是采用三角测距的原理。红外发射器按照一定角度发射红外光束,遇到物体之后,光会反射回来,检测到反射光之后,通过结构上的几何三角关系,就可以计算出物体距离,如图3.21所示。

当 D 的距离足够近时,图3.21中 L 值会相当大,如果超过CCD的探测范围,这时,虽然物体很近,但是传感器反而看不到了。当物体距离 D 很大时,L 值就会很小,测量量精度会变差。因此,常见的红外传感器其测量距离都比较近,小于超声波,同时远距离测量也有最小距离的限制。另外,对于透明的或者近似黑体的物体,红外传感器是无法检测距离的。但相对于超声波来说,红外传感器具有更高的带宽。

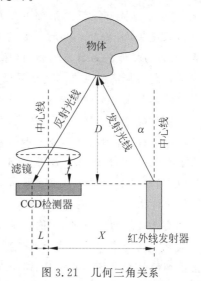

图3.21 几何三角关系

3. 常见的激光雷达是基于飞行时间的(Time of Flight,ToF),通过测量激光的飞行时间来进行测距 $d=ct/2$,类似于前面提到的超声测距公式,其中 d 是距离,c 是光速,t 是从发射到接收的时间间隔。激光雷达包括发射器和接收器,发射器用激光照射目标,接收器接收反射回来的光波。机械式的激光雷达包括一个带有镜子的机械机构,镜子的旋转使得光束可以覆盖一个平面,这样就可以测量到一个平面上的距离信息。

对飞行时间的测量也有不同的方法,如使用脉冲激光,然后类似前面讲的超声方案,直接测量占用的时间,但因为光速远高于声速,需要非常高精度的时间测量元件,所以非常昂贵;另一种发射调频后的连续激光波,通过测量接收到的反射波之间的差频来测量时间。

比较简单的方案是测量反射光的相移,传感器以已知的频率发射一定幅度的调制光,并测量发射和反向信号之间的相移。调制信号的波长为 $\lambda=c/f$,其中 c 是光速,f 是调制频率,测量到发射和反射光束之间的相移差 δ 之后,距离可由 $\lambda * \delta/4pi$ 计算得到。

激光雷达的测量距离可以达到几十米甚至上百米,角度分辨率高,通常可以达到零点几度,测距的精度也高。但测量距离的置信度会反比于接收信号幅度的平方,因此,黑体或者远距离的物体距离测量不会像光亮的、近距离的物体那么好估计。并且,对于透明材料,如玻璃,激光雷达就无能为力了。还有,由于结构的复杂、器件成本高,激光雷达的成本也很高。

一些低端的激光雷达会采用三角测距的方案进行测距。但这时它们的量程会受到限制,一般在几米以内,并且精度相对低些,但用于室内低速环境的 SLAM 或者在室外环境只用于避障的话,效果还是不错的。

4. 视觉传感器

常用的计算机视觉方案也有很多种,如双目视觉、基于 ToF 的深度相机、基于结构光的深度相机等。深度相机可以同时获得 RGB 图和深度图,不管是基于 ToF 还是结构光,在室外强光环境下效果都不会太理想,因为它们都是需要主动发光的。像基于结构光的深度相机,发射出的光会生成相对随机但又固定的斑点图样,这些光斑打在物体上后,因为与摄像头距离不同,被摄像头捕捉到的位置也不相同,之后先计算拍到的图的斑点与标定的标准图案在不同位置的偏移,利用摄像头位置、传感器大小等参数就可以计算出物体与摄像头的距离。

双目视觉的测距本质上也是三角测距法,由于两个摄像头的位置不同,就像人的两只眼睛一样,看到的物体不一样。两个摄像头看到的同一个点 P,在成像时会有不同的像素位置,此时通过三角测距就可以测出这个点的距离。结构光计算的点是主动发出的、已知确定的;而双目算法计算的点一般是利用算法抓取到的图像特征,如 SIFT 或 SURF 特征等,这样通过特征计算出来的是稀疏图。

要做良好的避障,稀疏图还是不太够的,需要获得的是稠密的点云图,整个场景的深度信息。稠密匹配的算法大致可以分为两类,即局部算法和全局算法。局部算法使用像素局部的信息来计算其深度,而全局算法采用图像中的所有信息进行计算。一般来说,局部算法的速度更快,但全局算法的精度更高。

这两类各有很多种不同方式的具体算法实现。通过它们的输出可以估算出整个场景中的深度信息，这个深度信息可以帮助我们寻找地图场景中的可行走区域及障碍物。整个的输出类似于激光雷达输出的 3D 点云图，但是相对来讲得到的信息会更丰富，视觉同激光相比优点是价格低很多，缺点也比较明显，测量精度要差些，对计算能力的要求也高很多。当然，这个精度差是相对的，在实用中是完全足够的。

阅读材料4　避障技术的应用

无人机要想被冠以人工智能机器的称号，当然不能仅仅满足于"飞起来"而已。关于未来的"人工智能无人机"的构想，无人机通常被想象为一架飞行中的机器人。这架飞行机器人不但能够和人交流，还能独立完成任务或解决问题。

无人机避障技术，顾名思义就是无人机自主躲避障碍物的智能技术。很多玩过无人机的小伙伴们都知道，有避障功能的无人机和没有避障功能的无人机，可以说体验是大不相同的。无人机自动避障系统能够及时地避开飞行路径中的障碍物，极大地减少因为操作失误而带来的各项损失。在减少炸机事故次数的同时，还能给无人机新手极大的帮助。

1. 无人机避障技术发展阶段和趋势

根据目前无人机避障技术的发展及其未来的研究态势，有资料分析认为无人机避障技术可分为 3 个阶段，一是感知障碍物阶段；二是绕过障碍物阶段；三是场景建模和路径搜索阶段。这 3 个阶段其实是无人机避障技术的作用过程。从无人机发现障碍物，到可以自动绕开障碍物，再达到自我规划路径的过程。

可能有人会问，无人机达到第一个"发现障碍物"的阶段不就很容易避开障碍物了吗？这第二个阶段是不是有些多余？

其实不然，无人机避障的 3 个阶段的划分都是有技术作为依据的。其每个阶段具体的技术分析如下。

第一阶段，无人机只能是简单地感知障碍物。当无人机遇到障碍物时，能快速地识别，并且悬停下来，等待无人机驾驶者的下一步指令。

第二阶段，无人机能够获取障碍物的深度图像，并由此精确感知障碍物的具体轮廓，然后自主绕开障碍物。这个阶段是摆脱飞手操作，实现无人机自主驾驶的阶段。

第三阶段，无人机能够对飞行区域建立地图模型，然后规划合理线路。这个地图不能仅仅是机械平面模型，而应该是一个能够实时更新的三维立体地图。这也是目前无人机避障技术的最高阶段。

2. 目前能够实现无人机避障功能的几大主要技术

抛开无人机避障技术发展阶段不谈，目前无人机避障技术的发展呈现的是多元发展的模式。老技术在淘汰，新技术在改良，但整体来说都是不断地调整前进的方向。从整体来说，无人机避障技术目前大致有 6 种。

1) 超声波避障

超声波用一个比较形象的比喻就是蝙蝠。蝙蝠通过口腔中喉部的特殊构造来发出超声波,当超声波遇到猎物或者障碍的时候就会反射回来,蝙蝠可以用特殊的听觉系统来接收反射回来的信号,从而探测目标的距离,确定飞行路线。

这是一项非常常见且非常成熟的技术。由于超声波指向性强,而且能量消耗缓慢,在介质中传播的距离较远,因而超声波经常用于距离的测量。而且利用超声波检测往往比较迅速、方便、计算简单、易于做到实时控制,并且在测量精度方面能达到工业实用的要求,所以用来避障非常合适。

目前来说,市面上有很多家用汽车的雷达都是采用的这项技术。而在无人机的具体应用,基石 Keyshare 无人机就采用了超声波避障技术。

但是超声波测距并非是一项完美的技术。虽然超声波避障系统不会受到光线、粉尘、烟雾影响,但在部分场景下也会受到声波的干扰。其次,如果物体表面反射超声波的能力不足,避障系统的有效距离就会降低,安全隐患会显著提高。一般来说,超声波的有效距离是 5m,对应的反射物体材质是水泥地板,如果材质不是平面光滑的固体物,如地毯,那么超声波的反射和接收就会出问题。距离短,对障碍物感知能力有限,所以超声波避障处境仍旧尴尬。这也就是市面上采用超声波避障的无人机其有效避障距离非常短的原因。

2) 红外线或激光测距避障

红外线或激光测距避障技术的英文名称为"Time of Flight",常常被缩写成"ToF",因此红外线或激光测距避障技术又称为飞行时间测距法。

ToF 的工作原理和超声波测距避障原理很相似,最大的不同就是把超声波换成了红外线或者激光。该技术检测方法有两种:一种是光的时间;另一种是光的相位。但不管是哪种方法,都是把光发射出去,然后检测反射回来的光,进而判断无人机的周围是否有障碍物,从而知道障碍物距离多远。

零度 Xplorer 2 无人机采用的就是 ToF 避障系统。在零度 Xplorer 2 无人机悬停状态下,ToF 系统会保持每秒钟旋转 2~5 圈的快速旋转状态。这样就可以使 ToF 在旋转的过程中完成对周围有效半径内的 360°范围进行快速扫描,从而用较快的速度发现障碍,然后对飞控系统发出调整位置的指令,避免对周围的人或财物造成伤害;而当无人机在飞行的过程中,ToF 系统则会停止旋转,只把光发射到无人机前进的方向上。固定方向的时候,在室外的有效距离可以增加到 8~10m。对于一般无人机来说,每秒的飞行距离也就是 10m 左右,检测到障碍物之后 1s 的反应时间,无人机可以用一个较大的加速度来停止前进,这就足够了。

但是和超声波同样,光波也会受到干扰。目前城市环境下楼宇间的光污染,给 ToF 避障系统带来了难题,系统发出的光必须避开太阳光的主要能量波段,从而避免太阳光的直射、反射等对避障系统造成干扰。这就进一步需要非常精准的时间测量,乃至需要专用处理芯片,而目前来说,芯片价格则较为高昂。

3) 视觉图像复合型技术

视觉图像复合型技术通过高清摄像机拍摄帧速足够高、清晰、分辨率高的图像,借助一颗足够小而性能强大的处理器,分析每一帧图像中是否存在障碍物。视觉图像复合型技术随着移动芯片运算能力的飞跃而越来越成为无人机避障的首选。

智能避障系统 Guidance 就是典型的视觉图像复合型技术。Guidance 系统的前、后、左、右、下 5 个方向都有专门进行障碍识别的摄像头,识别机制也有超声波和图像视觉两种。也就是说,除了常规的超声波模块以外,5 个方向上还专门放置了摄像头用于获取视觉图像,然后直接传输到机载处理器进行计算处理。

进入消费级无人机市场时间较早的 Parrot,也在跟英伟达(Nvidia)进行避障方面的合作,同样采用了包含机器视觉的复合型避障系统。麻省理工学院计算机科学和人工智能实验室也通过此技术探索避障技术,不过他们是通过两块手机芯片进行实时图像处理后,寻找出可以飞行的自由空间,而不是识别障碍物后再进行躲避。可以说是非常主动的一种方法。但是,这款无人机只能处理几秒钟内的视频数据,而不会生成一幅完整的区域地图,毕竟现有手机芯片的处理能力还很有限。

4) Real Sense 技术

微软和英特尔联合开发的 RealSense 3D 摄像头,利用自身的红外发射器向目标物"主动打光",通过捕捉和定位光的扭曲变化自动计算并构建出覆盖区域内的三维模型,并借助自身的处理器完成基础数据的整合,借助搭载设备的处理器进行更复杂的操作,从而自动调整自身以避开障碍物。

RealSense 本质上也是类似于 XBOX360 外接的 3D 体感摄像机的红外结构光投影方案。所不同的是,RealSense 所投影的是一系列动态变化的图案,而非 Kinect 那样的固定图案。因此,也造成了虽然 RealSense 的分辨率高,也更稳定,但帧频却不如 Kinect 的情况,实际效果也没有体现出所期待的优势。

5) 雷达

雷达,应用最多的还是军事领域,在民用领域还是很少使用;而用在消费级无人机上更是没有先例。

但前不久,在美国纽约州雪城举办的无人机交通管制峰会(Unmanned Traffic Management ConvenTIon,UTM 2016)上,举行了一场无人机避障飞行比赛。无人机方案提供企业 Aerotenna 获得了此次峰会比赛的冠军。

除了精彩的比赛外,还有无人机的避障技术也称为当时的热点。与通常无人机采用的超声波或双目等方案避障不同的是,Aerotenna 的避障方案采用以雷达技术为基础的 μSharp 360°微波雷达,同时搭载了雷达高度计 μLanding 作为室内定高,在障碍规避上效果相对传统方案占了明显优势,但是雷达的成本相比于其他的避障技术还是比较高的。

目前把雷达方案做到无人机上,成本相比双目、超声要稍微贵些,但并非贵得离谱。举一个价位的参考例子,"超声波"好一点的 100~200 元(人民币),双目摄像头稍微好一点大约 600~1 000 元,微波雷达目前在千元左右(根据解决方案的不同其价位也不尽相同),但是这个价格也受生产量的影响,将来产量高了也会相应便宜些。

但是由于雷达的可靠性、受环境影响较小的优势,在将来的无人机避障技术上肯定会大放异彩。

6) 电子地图

当飞行目标区域被模型化为一张精确的三维立体地图,借助 GPS 等导航系统,就可以能够实现避开障碍物自主飞行。

在无人机上预先载入目标区域的三维立体地图,就能知道障碍物的具体位置,从而在飞行时就提前避开它。而且在飞行时,无人机还可以从多条路径中选择出最优路径,这样可以大大加快执行任务的效率。

而且目前的三维立体地图发展也很迅猛,数据虽然尚不能做到非常准确,但是较之前还是有非常大的提升。随着精确度的提升,无人机运用三维立体地图实现避障,还是非常有前景的。

复习与训练

3.1　避障传感器的类型有哪些?

3.2　避障传感器的作用是什么?

3.3　简述红外避障传感器的工作原理。

3.4　红外避障传感器的优点是什么?

3.5　红外探测的分类是什么?

3.6　简述 OV7670 的工作原理。

3.7　图像传感器的分类是什么?

3.8　简述 CCD 摄像头的工作原理。

3.9　CCD 摄像头的性能指标有哪些?

3.10　简述 CCD 与 CMOS 图像传感器的不同之处。

3.11　简述接近开关传感器的工作原理。

3.12　简述接近开关分类及结构。

3.13　通过网络了解避障传感器的发展及其应用。

模块 4　环境传感器的应用

引入项目

概述

　　环境传感器是机器人常用的传感器之一,环境传感器中包含有温度传感器、湿度传感器、光敏传感器等。本模块从这几个方面入手,介绍机器人的环境传感器,并了解不同形式环境传感器的相关应用。

　　在温度传感器部分主要介绍数字式温度传感器 DS18B20、AD590、热敏电阻以及非接触式红外温度传感器,分别介绍其工作原理及其相应的温度测量电路原理。

　　在湿度传感器部分介绍电阻型湿度传感器、电容型湿度传感器、IH3605 湿度传感器、DTH11 温湿度传感器。

　　在光敏传感器部分,分别介绍光敏电阻、光敏二极管及光强度传感器。

模块结构

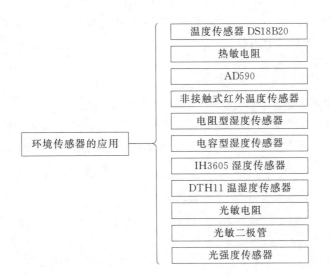

```
                                ┌─────────────────────────┐
                                │   温度传感器 DS18B20      │
                                ├─────────────────────────┤
                                │        热敏电阻          │
                                ├─────────────────────────┤
                                │        AD590            │
                                ├─────────────────────────┤
                                │  非接触式红外温度传感器    │
                                ├─────────────────────────┤
                                │    电阻型湿度传感器       │
       ┌──────────────┐         ├─────────────────────────┤
       │ 环境传感器的应用 │───────│    电容型湿度传感器       │
       └──────────────┘         ├─────────────────────────┤
                                │  IH3605 湿度传感器        │
                                ├─────────────────────────┤
                                │  DTH11 温湿度传感器       │
                                ├─────────────────────────┤
                                │       光敏电阻           │
                                ├─────────────────────────┤
                                │      光敏二极管          │
                                ├─────────────────────────┤
                                │     光强度传感器          │
                                └─────────────────────────┘
```

项目 4.1　数字式温度传感器 DS18B20 在温度测量中的应用

4.1.1　项目目标

通过 DS18B20 温度传感器测温电路的制作和调试,掌握 DS18B20 温度传感器的特性、电路原理和调试技能。

以 DS18B20 传感器作为检测元件,制作一个数字显示温度表,测温范围为 0～100℃。

4.1.2　项目方案

设计基于数字温度传感器 DS18B20 温度检测系统,以 AT89C52 单片机为核心控制单元,通过对温度信息采集与处理,获取当前环境温度,并且通过 LCD1602 显示当前温度。温度检测系统框图如图 4.1 所示。

图 4.1　温度检测系统框图

4.1.3　项目实施

1. 电路原理图

此温度测量电路采用 AT89C52 单片机作为主控制器,DS18B20 作为温度传感器。通过单片机的 IO 引脚进行温度数据的采集端口,并进行温度的显示。

单片机与温度传感器的电源电压均为 5V,通过编写 C 语言程序,采集温度信息,并且进行温度信息的显示。DS18B20 测温电路原理图如图 4.2 所示。

本项目主要使用以下器件:温度传感器 DS18B20、AT89C52 单片机最小系统、LCD1602 显示器、实验板、电阻等。

2. 实施步骤

(1) 准备好单片机最小系统实验板、温度传感器 DS18B20。

(2) 将传感器正确安装在单片机最小系统实验板上。

(3) 将编写好的温度测量程序下载到实验板中。此部分查看附录。

温度测量部分程序如下:

```
void DQreset(void)
{
  uint i;
  DQ = 0;
  i = 103;
```

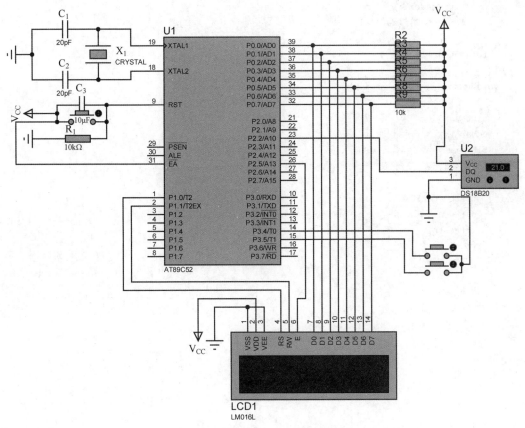

图 4.2 DS18B20 测温电路原理图

```
    while(i>0) i--;
    DQ = 1;
    i = 4;
    while(i>0)i--;
}
bit tmpreadbit()
{
    uint i;
    bit dat;
    DQ = 0; i++;
    DQ = 1; i++; i++;
    dat = DQ;
    i = 8; while(i>0)i--;
    return (dat);
}

uchar tmpread()
{
    uchar i, j, dat;
    dat = 0;
    for(i = 1; i<= 8; i++)
    {
```

```
      j = tmpreadbit();
      dat = (j << 7)|(dat >> 1);
    }
    return(dat);
}
void tmpwritebyte(uchar dat)
{
    uint i;
    uchar j;
    bit testb;
    for(j = 1;j <= 8;j++)
    {
      testb = dat&0x01;
      dat = dat >> 1;
      if(testb)
      {
        DQ = 0;
        i++;i++;
        DQ = 1;
        i = 8;while(i > 0)i -- ;
      }
      else
      {
        DQ = 0;
        i = 8;while(i > 0)i -- ;
        DQ = 1;
        i++;i++;
      }

    }
}
void tmpchange(void)
{
    DQreset();
    delay(1);
    tmpwritebyte(0xcc);
    tmpwritebyte(0x44);
}
uint tmp()
{
    float tt;
    uchar a,b;
    DQreset();
    delay(1);
    tmpwritebyte(0xcc);
    tmpwritebyte(0xbe);
    a = tmpread();
    b = tmpread();
    temp = b;
    temp << = 8;
    temp = temp|a;
```

```
    tt = temp * 0.0625;
    temp = tt * 1000;
    return temp;
}
```

（4）下载完成后，单片机实验板上电，液晶显示器即可显示当前环境温度。

（5）改变当前环境温度，观察液晶显示器上温度值的变化，并做好记录和分析。

注意事项：

在安装 DS18B20 温度传感器时，需要注意温度传感器电源、地以及信号引脚，注意传感器的安装方向；否则会烧坏传感器。

4.1.4　知识链接

DS18B20 数字式温度传感器采用美国 DALLAS 公司生产的 DS18B20 可组网数字温度传感器芯片封装而成，具有耐磨、耐碰、体积小、使用方便、封装形式多样的特点，适用于各种狭小空间设备数字测温和控制领域。DS18B20 温度传感器常用的封装形式为 TO-92。TO-92 封装形式示意图如图 4.3 所示。

在图 4.3 中，各引脚定义如下。

DQ：数字信号输入输出端。

GND：电源地。

V_{DD}：外接供电电源输入端（在寄生电源接线方式时接地）。

除了 TO-92 封装形式外，还有另外两种封装形式，分别为 8 引脚 SO 封装和 8 引脚 SOP 封装，如图 4.4 所示。

图 4.3　TO-92 封装形式示意图

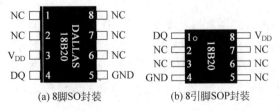

(a) 8脚SO封装　　(b) 8引脚SOP封装

图 4.4　DS18B20 的封装形式

1. DS18B20 的特性

DS18B20 温度传感器的特性如下。

（1）采用单总线的接口方式。与微处理器连接时仅需要一条口线即可实现微处理器与 DS18B20 的双向通信。单总线具有经济性好、抗干扰能力强、适合于恶劣环境的现场温度测量、使用方便等优点,使用户可轻松地组建传感器网络,为测量系统的构建引入全新概念。

(2) 测量温度范围宽,测量精度高 DS18B20 的测量范围为 $-55\sim+125℃$;在 $-10\sim+85℃$ 范围,精度为 $\pm0.5℃$。

(3) 在使用中不需要任何外围元件。

(4) 持多点组网功能。多个 DS18B20 可以并联在唯一的单线上,实现多点测温。

(5) 供电方式灵活。DS18B20 可以通过内部寄生电路从数据线上获取电源。因此,当数据线上的时序满足一定的要求时,可以不接外部电源,从而使系统结构更趋简单,可靠性更高。

(6) 测量参数可配置。DS18B20 的测量分辨率可通过程序设定 $9\sim12$ 位。

(7) 负压特性。电源极性接反时,温度计不会因发热而烧毁,但不能正常工作。

(8) 掉电保护功能。DS18B20 内部含有 EEPROM,在系统掉电以后,它仍可保存分辨率及报警温度的设定值。

DS18B20 具有体积更小、适用电压更宽、更经济、可选更小的封装方式、更宽的电压适用范围,适合于构建自己的经济测温系统。

2. DS18B20 的工作原理

对于 DS18B20 来说,最主要就是测温操作。这也是它的核心功能。单片机可以通过 1-Wire 协议与 DS18B20 进行通信,最终将温度读出。1-Wire 总线的硬件接口很简单,只需要把 DS18B20 的数据引脚和单片机的一个 IO 口接上就可以了。那么,DS18B20 温度传感器的数值表示方式是怎样的呢?

在温度传感器内部包含一个高速暂存器,此暂存器中含有两个字节的温度寄存器,用来存储温度传感器输出的数据。温度数据格式如表 4.1 所示。

表 4.1　温度数据格式表

2^3	2^2	2^1	2^0	2^{-1}	2^{-2}	2^{-3}	2^{-4}
S	S	S	S	S	2^6	2^5	2^4

温度传感器数据共 2 字节,LSB 是低字节,MSB 是高字节,其中 MSB 是字节的高位,LSB 是字节的低位。大家可以看出来,二进制数字中每一位代表的温度含义都表示出来了。其中 S 表示的是符号位,低 11 位都是 2 的幂,用来表示最终的温度。DS18B20 的温度测量范围是 $-55\sim125℃$,而温度数据的表现形式,有正负温度,寄存器中每个数字如同卡尺的刻度一样分布。

二进制数字最低位变化 1,代表温度变化 $0.0625℃$ 的映射关系。当 $0℃$ 时,就是十六进制数 0x0000;当 $125℃$ 时,对应十六进制数是 0x07D0;当温度是 $-55℃$ 时,对应的十六进制数是 0xFC90。反过来说,当数字是 0x0001 时,温度就是 $0.0625℃$ 了。

温度以 16 位带符号位扩展的二进制补码形式读出,数据通过单线接口以串行方式传输。DS18B20 测温范围为 $-55\sim+125℃$。温度值和输出数据的关系如表 4.2 所示。

表 4.2　温度与数据的关系表

温度/℃	传感器输出数据（二进制）	传感器输出数据（十六进制）
+125	0000 0111 1101 0000	07D0h
+25.062 5	0000 0001 1001 0001	0191h
+10.125	0000 0000 1010 0010	00A2h
+0.5	0000 0000 0000 1000	0008h
0	0000 0000 0000 0000	0000h
−0.5	1111 1111 1111 1000	FFF8h
−10.125	1111 1111 0101 1110	FF5Eh
−25.062 5	1111 1110 0110 1111	FF6Fh
−55	1111 1100 1001 0000	FC90h

阅读知识

温度传感器 DS18B20 的内部结构框图如图 4.5 所示。主要由 4 部分组成，包括 64 位 ROM、温度传感器、非挥发性温度报警触发器 TH 和 TL、配置寄存器。

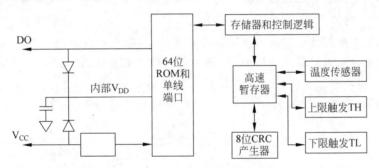

图 4.5　DS18B20 内部结构框图

64 位 ROM 储存器件的唯一片序列号。高速暂存器含有两个字节的温度寄存器，这两个寄存器用来存储温度传感器输出的数据。此外，高速暂存器提供一个直接的温度报警触发器（TH 和 TL）和一个字节的配置寄存器。配置寄存器允许用户将温度的精度设定为 9 位、10 位、11 位或 12 位。TH、TL 和配置寄存器是非易失性的可擦除程序寄存器（EEPROM），所以存储的数据在器件掉电时不会消失。

DS18B20 通过达拉斯公司独有的单总线协议依靠一个单线端口通信。当全部器件经一个 3 态端口或者漏极开路端口（DQ 引脚在 DS18B20 上的情况下）与总线连接时，控制线需要连接一个弱上拉电阻。在这个总线系统中，微控制器（主器件）依靠每个器件独有的 64 位片序列号辨认总线上的器件和记录总线上的器件地址。由于每个装置有一个独特的片序列码，总线可以连接的器件数目事实上是无限的。

DS18B20 的另一个功能是可以在没有外部电源供电的情况下工作。当总线处于高电平状态时，DQ 与上拉电阻连接通过单总线对器件供电。同时处于高电平状态的总线信号对内部电容（C_{pp}）充电。在总线处于低电平状态时，该电容提供能量给器件。这种提供能量的形式称为"寄生电源"。作为替代选择，DS18B20 同样可以通过 V_{DD} 引脚连接外部电源供电。DS18B20 寄生电源供电与电源直接供电方式的电路原理图如图 4.6 与图 4.7 所示。

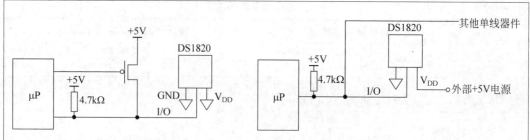

图 4.6　寄生电源供电方式　　　　　图 4.7　电源直接供电方式

　　DS18B20 测温的工作原理：用一个高温度系数的振荡器确定一个门周期，内部计数器在这个门周期内对一个低温度系数振荡器的脉冲进行计数来得到温度值。计数器被预置到对应于−55℃的一个值。如果计数器在门周期结束前到达 0，则温度寄存器（同样被预置到−55℃）的值增加，表明所测温度大于−55℃。

　　同时，计数器被复位到一个值，这个值由斜坡式累加器电路确定，斜坡式累加器电路用来补偿感温振荡器的抛物线特性。然后计数器又开始计数直到 0，如果门周期仍未结束，将重复这一过程。

　　斜坡式累加器用来补偿感温振荡器的非线性，以期在测温时获得比较高的分辨力。这是通过改变计数器对温度每增加 1℃所需计数的值来实现的。因此，要想获得所需的分辨力，必须同时知道在给定温度下计数器的值和每一度的计数值。DS18B20 内部对此计算的结果可提供 0.5℃ 的分辨力。温度测量电路框图如图 4.8 所示。

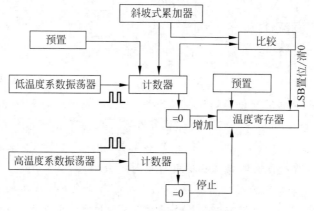

图 4.8　温度测量电路框图

3. 控制器对 DS18B20 的操作流程

　　控制器对 DS18B20 温度传感器的操作流程主要包括以下几个步骤，即初始化、控制器向 DS18B20 温度传感器发送相关指令、指令执行或数据读写、温度数值的转换。

　　（1）初始化

　　首先必须对 DS18B20 芯片进行复位，复位就是由控制器（单片机）给 DS18B20 单总线至少 480μs 的低电平信号。当 DS18B20 接到此复位信号后则会在 15～60μs 后回发一个芯片的存在脉冲。

```
void DQreset(void)
{
  uint i;
  DQ = 0;
  i = 103;
  while(i > 0) i--;
  DQ = 1;
  i = 4;
  while(i > 0)i--;
}
```

在程序中,DQ＝0 表示将接有温度传感器的引脚拉低,并保持一段时间;在复位电平结束之后,控制器应该将数据单总线拉高,程序中 DQ＝1 表示此含义,以便于在 $15\sim60\mu s$ 后接收存在脉冲,存在脉冲为一个 $60\sim240\mu s$ 的低电平信号。至此,通信双方已经达成了基本的协议,接下来将会是控制器与 DS18B20 间的数据通信。如果复位低电平的时间不足或是单总线的电路断路都不会接到存在脉冲,在设计时要注意意外情况的处理。

（2）控制器向 DS18B20 温度传感器发送相关指令

双方联系上之后就要进行交流了,控制器对于 DS18B20 温度传感器的操作主要包括两个部分的内容,分别是发送 ROM 指令与发送存储操作指令,因此需要向温度传感器写数据。程序如下:

```
void tmpwritebyte(uchar dat)
{
  uint i;
  uchar j;
  bit testb;
  for(j = 1;j <= 8;j++)
  {
    testb = dat&0x01;
    dat = dat >> 1;
    if(testb)
    {
      DQ = 0;
      i++;i++;
      DQ = 1;
      i = 8;while(i > 0)i--;
    }
    else
    {
      DQ = 0;
      i = 8;while(i > 0)i--;
      DQ = 1;
      i++;i++;
    }
}
```

在程序中,testb＝dat&0x01;就是向 DS18B20 传感器写数据,当写完数据之后,需要将 DS18B20 的数据单总线拉高,为下次的数据读写做准备。

① 控制器发送 ROM 指令。

控制器发送 ROM 指令,主要是为了对片内的 64 位光刻 ROM 进行操作。其主要目的是为了分辨一条总线上挂接的多个器件并进行处理。单总线上可以同时挂接多个器件,并通过每个器件上所独有的 ID 号来区别,一般只挂接单个 DS18B20 芯片时可以跳过 ROM 指令。注意,此处指的跳过 ROM 指令并非不发送 ROM 指令,而是用特有的一条"跳过指令"。

本实例中,只挂接了一个 DS18B20 温度传感器,因此控制器需要发送 ROM 跳跃指令,程序如下:

```
tmpwritebyte(0xcc);
```

此程序含义是向 DS18B20 温度传感器发送 0xCC 指令,0xCC 指令的含义是跳跃 ROM 指令,即使芯片不对 ROM 编码做出反应。

ROM 的指令除了 0xCC 外,还包括读 ROM 数据、指定匹配芯片、搜索芯片、报警芯片搜索。详见阅读资料。

阅读资料

表 4.3 给出了 ROM 操作指令。

表 4.3　ROM 操作指令

命　　令	含　　义	协议	功　　能
Read ROM	读 ROM 数据	33H	允许总线控制器读到 DS18B20 的 64 位 ROM
Match ROM	指定匹配芯片	55H	当总线上有多只 DS18B20 时,只有与控制发出的序列号相同的芯片才可以做出反应
Skip ROM	跳跃 ROM 指令	CCH	使芯片不对 ROM 编码做出反应
Search ROM	搜索芯片	F0H	允许总线上挂接多芯片时用排除法识别所有器件的 64 位 ROM
Alarm Search	报警芯片搜索	ECH	报警芯片搜索指令只对符合温度高于 TH 或低于 TL 报警条件的芯片做出反应

---

② 控制器发送存储器操作指令。

在 ROM 指令发送给 DS18B20 之后,紧接着(不间断)就是发送存储器操作指令了。存储器操作指令的功能是命令 DS18B20 做什么样的工作,是芯片控制的关键。具体程序如下:

```
tmpwritebyte(0xbe);
```

此程序含义是向 DS18B20 温度传感器发送 0xbe 指令,0xbe 指令的含义是从 RAM 中读数据。

存储器操作指令除了 0xbe 外,还包括写 RAM 数据、将 RAM 数据复制到 EEPROM、温度转换、将 EEPROM 中的报警值复制到 RAM、工作方式切换。详见阅读资料。

存储器操作指令为 8 位,共 6 条,分别是向 RAM 中写数据、从 RAM 中读数据、将 RAM 数据复制到 EEPROM、温度转换、将 EEPROM 中的报警值复制到 RAM、工作方式切换。

阅读资料

表 4.4 给出了控制器对 DS18B20 的存储器的操作指令。

表 4.4 存储器操作指令表

指　　令	含　　义	协议	功　　能
Write Scratchpad	向 RAM 中写数据	4EH	向 RAM 中写入数据的指令
Read Scratchpad	从 RAM 中读数据	BEH	将从 RAM 中读数据
Copy Scratchpad	将 RAM 数据复制到 EEPROM 中	48H	将 RAM 中的数据存入 EEPROM 中,以使数据掉电后不丢失
Convert T	温度转换	44H	收到此指令后芯片将进行一次温度转换
Recall EEPROM	将 EEPROM 中的报警值复制到 RAM	B8H	将 EEPROM 中的报警值复制到 RAM 中的第 3、4 字节
Read Power Supply	工作方式切换	B4H	此指令发出后发出读时间隙,芯片会返回它的电源状态字

(3) 指令执行或数据读写

一个存储器操作指令结束后将进行指令执行或数据的读写,这个操作要视存储器操作指令而定。如执行温度转换指令,则控制器(单片机)必须等待 DS18B20 执行其指令,一般转换时间为 $500\mu s$。如执行数据读写指令,则需要严格遵循 DS18B20 的读写时序来操作。

要读出当前的温度数据需要执行两次工作周期。第一个周期为复位、跳过 ROM 指令、执行温度转换存储器操作指令、等待 $500\mu s$ 温度转换时间,也就是控制 DS18B20 温度传感器实现一次温度转换。

对于复位、跳过 ROM 指令前面已经做过详细介绍了,然后需要执行温度转换存储器操作指令。温度转换程序如下:

```
void tmpchange(void)
{
  DQreset();
  delay(1);
  tmpwritebyte(0xcc);
  tmpwritebyte(0x44);
}
```

其中 tmpwritebyte(0x44)语句就是向 DS18B20 的 RAM 写温度转换指令,0x44 的含义为温度传感器收到 0x44 指令之后,芯片将进行一次温度转换。

紧接着执行第二个周期,为复位、跳过 ROM 指令、执行读 RAM 的存储器操作指令、读数据(最多为 9 个字节,中途可停止,只读简单温度值则读前两个字节即可)。读取数据的程序如下:

```
a = tmpread();
b = tmpread();
```

这两条语句的作用是将 DS18B20 转换的温度值的高低字节赋值给变量 a 和变量 b。tmpread()的程序函数如下:

```
uchar tmpread()
{
  uchar i,j,dat;
  dat = 0;
  for(i = 1;i < = 8;i++)
  {
    j = tmpreadbit();
    dat = (j << 7)|(dat >> 1);
  }
  return(dat);
}
```

此程序的功能是读取温度值,形式为字节,但是对于 DS18B20 温度传感器来讲,只有一个信号线,因此在读取温度值时需要逐位读取,每次读取 1 字节,程序如下:

```
bit tmpreadbit()
{
  uint i;
  bit dat;
  DQ = 0;i++;
  DQ = 1;i++;i++;
  dat = DQ;
  i = 8;while(i > 0)i-- ;
  return (dat);
}
```

将读取的每一位赋值给函数的参变量 dat,然后在 tmpread()函数中调用即可。

阅读材料

在进行传感器的指令执行或数据读写器件期间,要进行写指令和读数据指令,因此要注意读写数据的时间隙。读写时间隙如下。

(1) 写时间隙。

写时间隙时序图如图 4.9 所示。写时间隙分为写"0"和写"1"。在写数据时间隙的前 15μs 总线需要被控制器拉至低电平,而后则是芯片对总线数据的采样时间。采样时间为 15~60μs,采样时间内如果控制器将总线拉为高电平则表示写"1",如果控制器将总线拉至低电平则表示写"0"。每一位的发送都应该有一个至少 15μs 的低电平起始位,随后的数据"0"或"1"应该在 45μs 内完成。整个位的发送时间应该保持在 60~120μs;否则不能保证正常通信。

(2) 读时间隙。

读时间隙时序图如图 4.10 所示。读时间隙时控制的采样时间应该更加精确。读时间隙时也是必须先由主机产生至少 1μs 的低电平,表示读时间的起始。随后在总线被释放后的 15μs 内 DS18B20 会发送内部数据位,这时控制器如果发现总线为高电平表示读出"1",如果总线为低电平则表示读出数据"0"。每一位的读取之前都由控制器加一个起始信号。

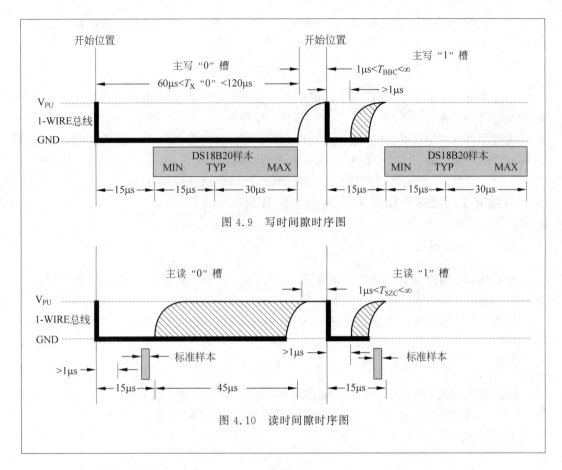

图 4.9　写时间隙时序图

图 4.10　读时间隙时序图

（4）温度数值的转换

完成以上步骤后，就需要将收到的温度字节型数据，转换成能够显示的数据，程序如下：

```
temp = b;
temp << = 8;
temp = temp|a;
tt = temp * 0.0625;
```

首先，需要将采集的温度高字节值、低字节值赋给温度变量 temp，然后再将此数据乘以 0.0625。至此就完成了温度数据的数值转换。

通过以上步骤，完成了 DS18B20 温度传感器的操作。

4. DS18B20 传感器的应用

根据 DS18B20 传感器的工作原理及其相关特性，其应用也非常广泛。主要应用于以下场合。

（1）冷冻库、粮仓、储罐、电信机房、电力机房、电缆线槽等测温和控制领域。

（2）轴瓦、缸体、纺机、空调等狭小空间工业设备测温和控制。

（3）汽车空调、冰箱、冷柜以及中低温干燥箱等。

（4）供热/制冷管道热量计量,中央空调分户热能计量和工业领域测温和控制。

4.1.5　项目总结

通过本项目的学习,应掌握以下知识重点：①理解 DS18B20 温度传感器的特性；②理解测温电路的原理。

通过本项目的学习,应掌握以下实践技能：①能正确使用 DS18B20 温度传感器；②掌握测温电路的调试方法；③掌握 DS18B20 温度传感器的测温方法。

项目 4.2　热敏电阻在温度测量中的应用

4.2.1　项目目标

通过热敏电阻测温电路的制作和调试,掌握热敏电阻温度传感器的特性、电路原理和调试技能。

以 MF52 热敏电阻为测温元件,制作一数字显示温度表,测温范围为$-10\sim50℃$。

4.2.2　项目方案

设计基于 MF52 热敏电阻的温度检测系统,以 AT89C52 单片机为核心控制单元,通过对温度信息的采集与处理,获取当前环境温度,并且通过 LCD1602 显示当前温度。温度检测系统框图如图 4.11 所示。

图 4.11　温度检测系统框图

4.2.3　项目实施

1. 电路原理

此温度测量电路采用 AT89C52 单片机作为主控制器,热敏电阻作为温度传感器。通过 A/D 转换模块将热敏电阻采集来的温度数据转换为数字量,输入到单片机的 IO 引脚,并进行温度显示。

单片机与温度传感器的电源电压均为 5V,通过编写 C 语言程序,采集温度信息,并且进行温度信息的显示。热敏电阻测温电路原理图如图 4.12 所示。

本项目主要使用以下器件：热敏电阻温度传感器、AT89C52 单片机最小系统、LCD1602 显示器、实验板、电阻等。

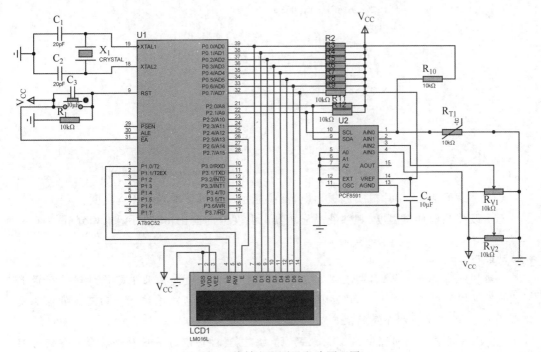

图 4.12 热敏电阻测温电路原理图

2．实施步骤

（1）准备好单片机最小系统实验板、热敏电阻温度传感器。

（2）将传感器正确安装在单片机最小系统实验板上。

（3）将编写好的温度测量程序下载到实验板中。此部分查看附录。

热敏电阻温度测量部分程序如下：

```
int NTC_GetTemp(int NTCReg)
{
    int i = 0;
    if(NTCReg >= NTC_table[0][1])
    {
        i = -10;
        return i;
    }
    else if(NTCReg <= NTC_table[60][1])
    {
        i = 50;
        return i;
    }
    for(i = 0; i < 61; i++)
    {
        if(NTCReg <= NTC_table[i][1] && NTCReg >= NTC_table[i + 1][1])
        {
            if((NTC_table[i][1] - NTCReg) >= (NTCReg - NTC_table[i + 1][1]))
            {
```

```
            i = NTC_table[i+1][0];
            return i;
        }
        else
        {
            i = NTC_table[i][0];
            return i;
        }
    }
}
```

（4）下载完成后，单片机实验板上电，液晶显示器即可显示当前环境温度。

（5）改变当前环境温度，观察液晶显示器上温度值的变化，并做好记录和分析。

特别提示：

　　热敏电阻是一个电阻，电流流过它时会产生一定的热量，因此电路设计时应确保流过热敏电阻的电流不能太大，以防止热敏电阻自热过度；否则系统测量的是热敏电阻发出的热度，而不是被测介质的温度。

　　MF 系列热敏电阻器是玻璃封装的，请勿剧震、碰击以防玻璃外壳破裂；焊接时间控制在 4s 内；MF 系列热敏电阻器不能直接在水中或液体中使用。

4.2.4　知识链接

　　热敏电阻是用一种半导体材料制成的敏感元件，其特点是电阻随温度变化而显著变化，能直接将温度的变化转换为能量的变化。热敏电阻是用金属氧化物作为基体原料，加入一些添加剂，采用陶瓷工艺制成的具有半导体特性的电阻器，其阻值对温度变化很敏感，电阻温度系数比金属电阻器大很多，有些种类在温度变化 1℃ 时阻值变化可达 3％～6％。

　　制造热敏电阻的材料很多，如锰、铜、镍、钴和钛等氧化物，它们按一定比例混合后压制成型，然后在高温下焙烧而成。热敏电阻是一种价格便宜、应用广泛的测温传感器，在家用电器、生活类电子产品中使用较多。热敏电阻主要分为正温度系数、负温度系数和临界温度系数，在温控电路中用得较多的是临界温度系数型热敏电阻。

　　当热敏电阻标称值相同时，B 值愈大，温度系数也大，则其灵敏度愈高，在应用热敏电阻时，应根据需要进行选择。

1. 热敏电阻的特性

（1）稳定性好，可靠性高。

（2）阻值范围宽：$0.1～10k\Omega$；额定零功率电阻值范围（R_{25}）为 $0.1～10k\Omega$。

（3）阻值精度高。

（4）由于玻璃封装，可在高温和高湿等恶劣环境下使用。

（5）体积小、重量轻、结构坚固，便于自动化安装（在印制线路板上）。

（6）热感应速度快，灵敏度高。

(7) R_{25} 允许偏差：±1%、±2%、±3%、±5%、±10%。

(8) B 值范围（$B25/50℃$）：1 960～4 480K；B 值允许偏差为±0.5%、±1%、±2%。

(9) 耗散系数：2mW/℃（在静止空气中）。

(10) 热时间常数：20s（在静止空气中）。

(11) 工作温度范围：−55～+300℃。

(12) 额定功率：不大于 50mW。

热敏电阻具有灵敏度高、体积小、较稳定、制作简单、寿命长、易于维护、动态特性好等优点，因此得到较为广泛的应用，尤其是应用于远距离测量和控制中。

阅读资料：

热敏电阻的特性参数有以下几个。

(1) 标称电阻值（R_{25}）：热敏电阻在 25℃ 时的零功率状态下的阻值，其大小取决于热敏电阻的材料和几何尺寸。

(2) 电阻温度系数（a_T）：用于描述温度的变化引起电阻变化率变化的参数，指在规定的温度下单位温度变化使热敏电阻的阻值变化的相对值。

(3) 时间常数（τ）：用于表征热敏电阻值的惯性大小的参数，定义为当环境温度突变时热敏电阻的阻值从起始值变化到最终变化的 63% 所需的时间。

(4) 额定功率（P_E）：指在标准大气压力和规定的最高环境温度下，热敏电阻长期连续工作所允许的最大耗散功率。在实际应用中其消耗的功率不得超过额定功率。

除标称阻值、电阻温度系数、时间常数和额定功率等基本指标外，还有以下指标。

(1) 测量功率：指在规定的环境温度下，电阻体受测量电源加热而引起阻值变化不超过 0.1% 时所消耗的功率。

(2) 材料常数：是反映热敏电阻器热灵敏度的指标。通常，该值越大，热敏电阻器的灵敏度和电阻率越高。

(3) 耗散系数：指热敏电阻器的温度每增加 1℃ 所耗散的功率。

(4) 开关温度：指热敏电阻器的零功率电阻值为最低电阻值 2 倍时所对应的温度。

(5) 最高工作温度：指热敏电阻器在规定的标准条件下，长期、连续工作时所允许承受的最高温度。

(6) 标称电压：指稳压用热敏电阻器在规定的温度下，与标称工作电流所对应的电压值。

(7) 工作电流：指稳压用热敏电阻器在正常工作状态下的规定电流值。

(8) 稳压范围：指稳压用热敏电阻器在规定的环境温度范围内稳定电压的范围值。

(9) 最大电压：指在规定的环境温度下，热敏电阻器正常工作时所允许连续施加的最高电压值。

(10) 绝缘电阻：指在规定的环境条件下，热敏电阻器的电阻体与绝缘外壳之间的电阻值。

本次设计项目主要使用的是 NTC 热敏电阻。测温型 NTC 热敏电阻为玻璃密封两端轴向引出结构，由 Co、Mn、Ni 等过渡金属元素的氧化物组成，经高温烧成半陶瓷，利用半导

体微米的精密加工工艺,采用玻璃管封装,耐温性好,稳定性高,可靠性高。

MF52 热敏电阻的外形如图 4.13 所示。

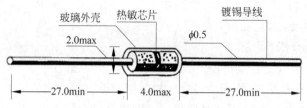

图 4.13　MF52 热敏电阻的外形

将温度升高时阻值急剧减小的热敏电阻称为 NTC 热敏电阻。它通常是一种半导体陶瓷元件,大多数都是用锰、铜、硅、钴等两种或两种以上金属氧化物按一定比例混合烧结而成的。按使用范围大致可分为低温、中温、高温 3 种类型。

(1) 电阻-温度特性

NTC 热敏电阻的导电性能取决于内部载流子(电子和空穴)的密度和迁移率。当温度升高时,外层电子在热激发下大量成为载流子,使载流子的密度增加,活动能力大大加强,从而导致其阻值急剧下降。

电阻与温度之间的关系近似呈负指数关系,可用下面公式来表示,即

$$R_T = R_0 e^{B\left(\frac{1}{T} - \frac{1}{T_0}\right)} \tag{4.1}$$

式中,R_T 为温度为 T 时的电阻值;R_0 为温度为 T_0 时的电阻值;B 为材料常数;T、T_0 为热敏电阻的绝对温度(K)。

为了使用方便,生产厂商一般取 $T_0 = 25℃$、$T = 100℃$ 作为热敏电阻材料常数 B 的取值,则有

$$B = \frac{\ln\left(\dfrac{R_T}{R_{T_0}}\right)}{\left(\dfrac{1}{T} - \dfrac{1}{T_0}\right)} = \frac{\ln\left(\dfrac{R_{100}}{R_{25}}\right)}{\left(\dfrac{1}{373} - \dfrac{1}{298}\right)} = 1\,482 \times \ln\frac{R_{25}}{R_{100}} = 常数 \tag{4.2}$$

式中,R_{100} 为 100℃时的电阻值;R_{25} 为 25℃时的电阻值。

(2) 温度系数

热敏电阻本身温度变化 1℃时电阻值的相对变化量,称为热敏电阻的温度系数,可由下式表示,即

$$\alpha = \frac{1}{R_T}\frac{\mathrm{d}R_T}{\mathrm{d}T} = -\frac{B}{T^2} \tag{4.3}$$

式中,B 为热敏电阻的材料常数;α 为热敏电阻的灵敏度。

由式(4.3)可知,α 随温度 T 的降低而迅速增大,即热敏电阻的阻值对温度变化灵敏度高,约为金属热电偶的 10 倍。

2. 热敏电阻的工作原理

热敏电阻按半导体电阻随温度变化的典型特性分为 3 种类型,即负电阻温度系数热敏电阻(NTC)、正电阻温度系数热敏电阻(PTC)和在某一特定温度下电阻值会发生突变

的临界温度系数热敏电阻(CTR)。热敏电阻温度特性曲线如图4.14所示。

大多数热敏电阻为负温度系数(NTC),即温度越高,阻值越小。从图4.13中也能看出负温度系数热敏电阻的电阻温度特性有明显的非线性,这类热敏电阻特别适用于在-100～+300℃测温。

PTC,正温度系数热敏电阻的阻值随温度升高而增大,且有斜率最大的区域,当温度超过某一数值时,其电阻值朝正的方向快速变化。其用途主要是彩电消磁、各种电气设备的过热保护等。

CTR,临界温度系数热敏电阻也具有负温度特性系数,但在某个温度范围内电阻值急剧下降,曲线斜率在此区段特别陡,灵敏度极高。主要用作温度开关。

各种热敏电阻的阻值在常温下很大,不必采用三线制或四线制接法,给使用带来方便。

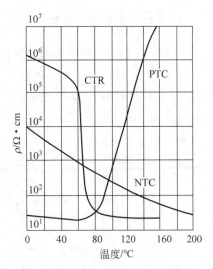

图4.14　热敏电阻温度特性曲线

阅读资料：热敏电阻的结构及其特点

常用热敏电阻的结构有珠状、圆片状、方片状、棒状、薄膜状等,它们的体积可以做得很小,各自适用于不同的应用场合。

珠状热敏电阻的制作方法是在两根铂丝间点上热敏浆料,烧成后封装在玻璃管中,元件体积很小、响应快、精度高、高温稳定性好,适用于200℃以上的温度测量,其中RC3型珠状热敏电阻的大小仅与芝麻的大小相当,其电阻值可以做成几百欧姆到几千欧姆。

圆片状陶瓷片的两端制成电极,在150℃下稳定性好,适用于100℃以下的温度补偿,可选用不同阻值、不同B值的片子相互串并联搭配,共同封装于同一外壳里,可制成互换性好的高精度热敏电阻,用于对相应时间要求不高的场合。

方片状热敏电阻在250℃以下具有良好的稳定性,适用于200℃以下的测控温及温度补偿,也可直接贴在集成块或印制电路板上,便于集成化。

棒状热敏电阻具有良好的稳定性,易制成高阻值、低B值的器件,用于高温测量电路。

薄膜状热敏电阻用陶瓷浆料添加适量RuO_2、RnO_2、Ag、Pb等导电微粒涂成膜状烧结而成。薄膜状热敏电阻可用薄膜技术制备,其特点是响应速度快、便于集成、可用作辐射测温传感器,另外还有实用的SiC薄膜热敏电阻。

目前已有专用于限流保护的、加热的、启动的、消磁的PTC热敏电阻,代表型号有MZ202型、HR系列、MZ2等;专用于稳压、微波测量、测温、控温的NTC热敏电阻,代表型号为MF1、MF72功率型、MF52E型、MF58型、CT系统0201/0402表面贴装型;专用于温度开关的CTR热敏电阻。

它们的共同特点是:①灵敏度高,其电阻温度系数要比金属的大10～100倍,能检测出10^{-6}℃温度变化;②工作温度范围宽,常温器件适用于-55～315℃,高温器件适用的温度高于315℃,低温器件适用的温度为-273～55℃;③体积小,能够测量其他温度计无法测量的空隙、腔体和生物体内的血管的温度;④使用方便,电阻值在0.1～100kΩ任意选择;⑤易加工成复杂的形状,可大批量生产;⑥稳定性好、过载能力强。

3. 热敏电阻的操作流程

由于热敏电阻温度传感器采集的信号为温度信号,输出信号为模拟信号,单片机可以处理的信号为数字信号,因此需要在整个系统中加入 A/D 转换模块。在本设计项目中,使用 PCF8591 A/D 转换器,为 8 位的 A/D 转换器,可以由 4 路模拟量输入通道,其 PCF8591 与热敏电阻之间的接线原理如图 4.15 所示。

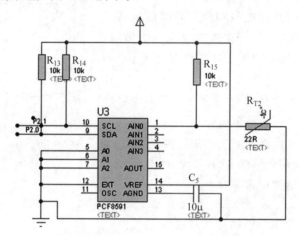

图 4.15 PCF8591 与热敏电阻之间的接线原理

其中 R_{T2} 为热敏电阻。R_{15} 为模拟量输入的上拉电阻,阻值为 $10\text{k}\Omega$,PCF8591 转换器可以采集电压值,因此需要将热敏电阻的输出电阻值转换为电压值。根据电路原理图,模拟量输入引脚的电压值 U_{AIN0} 与热敏电阻 R_c 之间的关系为

$$U_{AIN0} = \frac{5R_c}{10 + R_c} \tag{4.4}$$

经过转换得出当前温度下的热敏电阻值为

$$R_c = \frac{10U_{AIN0}}{5 - U_{AIN0}}(\text{k}\Omega) \tag{4.5}$$

在本设计中,5V 电压对应的数字量为 255,将采集的电阻值进行转换的程序为

```
g_NTC = ((float)D[0])/(255 - D[0]) * 10000;
```

通过此程序,获取当前温度下的热敏电阻的阻值。根据表 4.5 中的温度与电阻值的对应表,得到当前的温度值。MF52 热敏电阻-温度表如表 4.5 所示。

表 4.5 MF52 的热敏电阻-温度表

阻值/Ω	温度/℃	阻值/Ω	温度/℃
28 017	0	21 752	6
26 826	1	20 892	7
25 697	2	20 075	8
24 629	3	19 299	9
23 618	4	18 560	10
22 660	5	18 482	11

阻值/Ω	温度/℃	阻值/Ω	温度/℃
18 149	12	11 490	22
17 632	13	10 954	23
16 991	14	10 458	24
16 280	15	10 000	25
15 535	16	9 576	26
14 787	17	9 184	27
14 055	18	8 819	28
13 354	19	8 478	29
12 690	20	8 160	30
12 068	21		

程序语句如下：

```
g_NTC = NTC_GetTemp(g_NTC);
```

通过调用 NTC_GetTemp()函数，将电阻值转换为温度值并进行显示。在程序中，将温度与电阻之间的对应关系表保存在 NTC.c 文件。

NTC_GetTemp()函数如下：

```
int NTC_GetTemp(int NTCReg)
{
    int i = 0;
    if(NTCReg >= NTC_table[0][1])
    {
        i = -10;
        return i;
    }
    else if(NTCReg <= NTC_table[60][1])
    {
        i = 50;
        return i;
    }
    for(i = 0; i < 61; i++)
    {
        if(NTCReg <= NTC_table[i][1] && NTCReg >= NTC_table[i + 1][1])
        {
            if((NTC_table[i][1] - NTCReg) >= (NTCReg - NTC_table[i + 1][1]))
            {
                i = NTC_table[i + 1][0];
                return i;
            }
            else
            {
                i = NTC_table[i][0];
                return i;
            }
```

```
        }
    }
}
```

在程序中,NTCReg 为函数的形式参数变量,在 NTC.h 文件内定义了一个数据 NTC_table[61][2],此数据为 61 行 2 列,为温度值与电阻值的对应关系。在此数组中,定义的温度范围为−10～50℃,因此程序需要将低于−10℃、高于 50℃的温度值进行处理。

也就是当获取的电阻值大于−10℃的电阻值时,语句为 NTCReg>=NTC_table[0][1],将直接返回温度值为−10℃;当获取的电阻值小于 50℃的电阻值,语句为 NTCReg >= NTCReg <=NTC_table[60][1],将直接返回温度值为 50℃。

当测量的温度值在−10～50℃时,则能够进行正常的电阻值转换。在本设计中,只能检测整数温度值,因此当检测的温度处于某两个整数值之间时,需要判断当前温度所对应的电阻值是靠近哪个整数值。若靠近较小值一侧,则取小值;否则取大值。实现的程序段为:

```
if(NTCReg <= NTC_table[i][1] && NTCReg >= NTC_table[i+1][1])
    {
        if((NTC_table[i][1] - NTCReg) >= (NTCReg - NTC_table[i+1][1]))
        {
            i = NTC_table[i+1][0];
            return i;
        }
        else
        {
            i = NTC_table[i][0];
            return i;
        }
    }
```

4. 热敏电阻的主要应用

根据热敏电阻传感器的工作原理及其相关特性,其应用也非常广泛。主要应用于以下场合。

(1) 家用电器,如空调机、微波炉、电风扇、电取暖炉等的温度控制与温度检测。

(2) 办公自动化设备,如复印机、打印机的温度检测或温度补偿。

(3) 工业、医疗、环保、气象、食品加工设备的温度控制与检验。

(4) 液面指示和流量测量。

(5) 手机电池。

(6) 仪表线圈、集成电路、石英晶体振荡器和热电偶的温度补偿。

4.2.5 项目总结

通过本项目的学习,应掌握以下知识重点:①理解热敏电阻温度传感器的特性;②理解测温电路的原理。

通过本项目的学习,应掌握以下实践技能:①能正确使用热敏电阻温度传感器;②掌握测温电路的调试方法;③掌握热敏电阻温度传感器的测温方法。

项目 4.3　AD590 温度传感器在温度测量中的应用

4.3.1　项目目标

通过 AD590 温度传感器测温电路的制作和调试,掌握 AD590 温度传感器的特性、电路原理和调试技能。

以 AD590 温度传感器为检测元件,制作一数字显示温度表,测温范围为 0～100℃。

4.3.2　项目方案

设计基于温度传感器 AD590 的温度检测系统,以 AT89C52 单片机为核心控制单元,通过对温度信息采集与处理,获取当前环境温度,并且通过 LCD1602 显示当前温度。温度检测系统框图如图 4.16 所示。

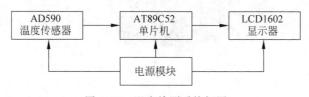

图 4.16　温度检测系统框图

4.3.3　项目实施

1. 电路原理图

此温度测量电路采用 AT89C52 单片机作为主控制器,AD590 作为温度传感器。通过单片机的 IO 引脚进行温度数据的采集,并进行温度的显示。

单片机与温度传感器的电源电压均为 5V,通过编写 C 语言程序,采集温度信息,并且进行温度信息的显示。AD590 测温电路原理如图 4.17 所示。

本项目主要使用以下器件:温度传感器 AD590、AT89C52 单片机最小系统、LCD1602 显示器。

2. 实施步骤

(1) 准备好单片机最小系统实验板、温度传感器 AD590。

(2) 将温度传感器正确安装在单片机最小系统实验板上。

(3) 将编写好的温度测量程序下载到实验板中。此部分查看附录。

温度测量程序如下:

```
temp = (D[0] * 5);
          temp = (temp/255) * 1000;
          if(temp < 2732)
          {
              temp = (2732 - temp)/10; sflag = 1;
```

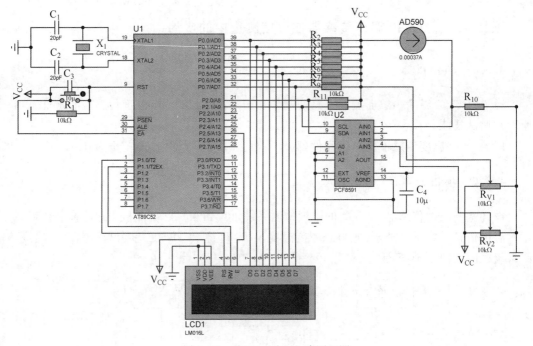

图 4.17　AD590 测温电路原理图

```
            }
          else
            {
              temp = (temp − 2732)/10;
            sflag = 0;
              }
            if(sflag == 1)
  {
LCD_Write_Char(2,0,0x2d);
  }
else
  {
LCD_Write_Char(2,0,0x2b);
  }
```

（4）下载完成后，单片机实验板上电，液晶显示器即可显示当前环境温度。

（5）改变当前环境温度，观察液晶显示器上温度值的变化，并做好记录和分析。

特别提示：

　　在连接 AD590 温度传感器过程中，因为 AD590 为模拟式温度传感器，因此需要通过 A/D 转换模块，在此测温系统中，使用 PCF8591 A/D 转换器。

　　在连接 AD590 时，需要注意 AD590 的方向。

4.3.4　知识链接

AD590 是美国模拟器件公司生产的单片集成两端感温电流源。AD590 可以承受 44V

正向电压和 20V 反向电压,因而器件反接也不会被损坏。输出电阻为 $710m\Omega$。精度共有 I、J、K、L、M 等 5 档,其中 M 档精度最高,范围在 $-55\sim+150℃$,非线性误差为 $\pm0.3℃$。 AD590 一般用于高精度温度测量电路,其封装形式有 3 种,如图 4.18 所示,常用的为 TO-52 封装形式。

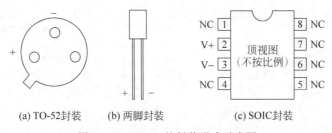

(a) TO-52封装　　(b) 两脚封装　　　　(c) SOIC封装

图 4.18　AD590 的封装形式示意图

1. AD590 温度传感器的特性

(1) 流过器件电流的微安数等于器件所处环境温度的热力学温度(开尔文)度数,即 $I/T(\mathrm{mA/K})$,其中,I 为流过器件(AD590)的电流(mA);T 为热力学温度(K)。

(2) AD590 的测量范围为 $-55\sim+150℃$。

(3) AD590 的电源电压范围为 $4\sim30V$。电源电压从 $4\sim6V$ 变化,电流 I_T 变化 $1\mu A$, 相当温度变化 1K。AD590 可以承受 44V 正向电压和 20V 的反向电压,因而器件反接也不 会损坏。

(4) 输出电阻为 $710m\Omega$。

(5) AD590 在出厂前已经校准,精度高。AD590 共有 I、J、K、L、M 等 5 档。其中 M 档 精度最高,范围在 $-55\sim+150℃$,非线性误差为 $\pm0.3℃$。I 档误差较大,误差为 $\pm10℃$,应 用时应校正。

2. AD590 温度传感器的基本原理

AD590 温度传感器是一种电流输出式集成温度传感器,它的特点是输出电流与热力学 温度(或摄氏温度)成正比,电流温度系数 K_I 的单位是 $\mu A/K$ (或 $1\mu A/℃$)。它可接收的工 作电压为 $4\sim30V$,检测的温度范围为 $-55\sim+150℃$,它有非常好的线性输出性能,温度每 增加 1℃,其电流增加 $1\mu A$。

AD590 温度传感器应用电路原理图如图 4.19 所示。

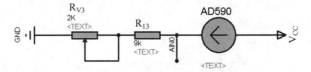

图 4.19　AD590 温度传感器应用电路原理

AD590 的输出电流 $I=(273.2+T)\mu A$(T 为摄氏温度),因此测量的电压 U 为 $(273.2+T)\mu A\times10k\Omega=(2.732+T/100)V$,则得出 $T=(U_{\mathrm{AIN0}}\times100-273.2)℃$。

温度与电压的关系如表 4.6 所示。

表 4.6　温度与电压的关系

温度/℃	AD590 电流/μA	经 10kΩ 电阻后的转换电压/V
0	273.2	2.732
10	283.2	2.832
20	293.2	2.932
30	303.2	3.032
40	313.2	3.132
50	323.2	3.232
60	333.2	3.332
100	373.2	3.732

阅读知识

集成温度传感器实质上是一种半导体集成电路,它是利用晶体管的 b-e 结压降的不饱和值 U_{be} 与热力学温度 T 和通过发射极电流 I 的关系实现对温度的检测,集成温度传感器具有线性好、精度适中、灵敏度高、体积小、使用方便等优点,得到广泛应用。集成温度传感器的原理如图 4.20 所示。

因为温敏三极管的 U_{be} 与绝对温度并非绝对的线性关系,且在同一批同型号的产品中,U_{be} 也可能有 100mV 的离散值,所以集成温度传感器采用对管差分电路,直接给出与绝对温度严格成正比的线性输出。图 4.20 中 VT$_1$ 和 VT$_2$ 温敏三极管的杂质分布种类完全相同,且都处于正向工作状态,集电极电流分别为 I_1 和 I_2。实用中集成温度传感器按照输出形式的不同可以分为电压型、电流型、周期型和频率型 4 类。

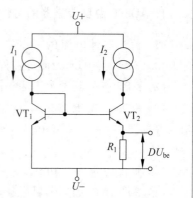

图 4.20　集成温度传感器原理

3. AD590 温度传感器的操作流程

由于 AD590 温度传感器采集的信号为温度信号,输出信号为模拟信号,单片机可以处理的信号为数字信号,因此需要在整个系统中加入 A/D 转换模块。在本设计项目中,使用 PCF8591 A/D 转换器,为 8 位的 A/D 转换器,可以由 4 路模拟量输入通道,其 PCF8591 与热敏电阻之间的接线原理如图 4.21 所示。

其中 AD590 为电流型温度传感器。经过 R$_{13}$ 和 R$_{V3}$ 进行分压,从而获取当前电压值,PCF8591 转换器可以采集电压值,因此需要将 AD590 输出的电流信号值转换为电压值,根据电路原理图,模拟量输入引脚的电压值 U_{AIN0} 与 AD590 输出的电流值 I_{AD590} 之间的关系为

$$U_{AIN0} = 10^4 I_{AD590} \tag{4.6}$$

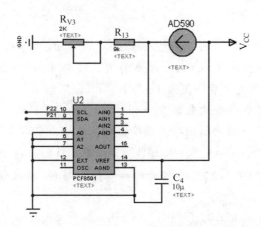

图 4.21 PCF8591 与 AD590 温度传感器之间的接线原理

而 AD590 温度传感器输出的电流值 I_{AD590} 与当前环境温度 T 之间的关系为

$$I_{AD590} = (273.2 + T) \quad (\mu A) \tag{4.7}$$

利用式(4.6)和式(4.7),得出 AD590 温度传感器检测的温度 T 与模拟量输入引脚的电压值 U_{AIN0} 之间的关系为

$$U_{AIN0} = 10^4 (273.2 + T)\mu A = \left(2.732 + \frac{T}{100}\right) \quad (V) \tag{4.8}$$

经过转换得到温度 T 为

$$T = (U_{AIN0} \cdot 100 - 273.2) \quad (\degree C) \tag{4.9}$$

在本设计中,5V 电压对应的数字量为 255,将采集的电阻值进行转换的程序为:

```
temp = (D[0] * 5);
temp = (temp/255) * 1000;
```

由于 AD590 传感器的温度变化范围是 $-55 \sim 150\degree C$,经过 $10k\Omega$ 之后采样到的电压变化范围是 $2.182 \sim 4.232V$,不超过 5V 电压所表示的范围,因此参考电压取电源电压 V_{CC}。

然后根据式(4.9),得到相应的温度值即可。由此可计算出经过 A/D 转换之后的摄氏温度显示的数据为:如果$(D \times 5\,000/255) < 2\,732$,则显示的温度值为$-(2\,732 - (D \times 5\,000/255))$;如果$(D \times 5\,000/255) \geqslant 2\,732$,则显示的温度值为$+((D \times 5\,000/255) - 2\,732)$。

程序实现过程如下:

```
if(temp < 2732)
        {
            temp = (2732 - temp)/10; sflag = 1;
        }
        else
         {
         temp = (temp - 2732)/10;
    sflag = 0;
        }
```

判断采集的电压值如果小于 2 732,则采集的温度为负值;否则为正值。

阅读知识

集成温度传感器的输出形式分为电压输出、电流输出、频率输出和周期输出等。电压输出型的灵敏度一般为 10mV/K，温度为 0℃ 时输出为 0V，温度为 25℃ 时输出 2.982V。电流输出型的灵敏度一般为 1mA/K。

(1) 电流输出式集成温度传感器。

电流输出式集成温度传感器的特点是输出电流与热力学温度(或摄氏温度)成正比，电流温度系数 K_I 的单位是 $\mu A/K$（或 $1\mu A/℃$）。它可接受的工作电压为 4～30V，检测的温度范围为 −55～150℃，它有非常好的线性输出性能，温度每增加 1℃，其电流增加 $1\mu A$。

典型产品有 AD590、AD592、TMP17、AD590 集成温度传感器等，AD590 的外形如图 4.22 所示，其灵敏度是 $1\mu A/K$。

图 4.22　AD590 的外形

(2) 电压输出式集成温度传感器。

电压输出式集成温度传感器的特点是输出电压与热力学温度(或摄氏温度)成正比，电压温度系数 K_U 的单位是 mV/K（或 mV/℃）。

常用的电压型集成温度传感器为四端输出型，有 4 根引线封装形式，典型产品有 LM334、LM35、TMP37 等。以热力学温度定标，灵敏度是 10mV/K。

(3) 频率输出式集成温度传感器。

频率输出式集成温度传感器的特点是输出方波的频率与热力学温度成正比，频率温度系数 K_f 的单位是 Hz/K，典型产品是 MAX6677，以热力学温度定标，灵敏度是 4～1/16Hz/K。

(4) 周期输出式集成温度传感器。

周期输出式集成温度传感器的特点是输出方波的周期与热力学温度成正比，周期温度系数 K_T 的单位是 $\mu s/K$，典型产品是 MAX6576，以热力学温度定标，灵敏度是 4～1/16Hz/K。

常用模拟集成温度传感器的主要技术指标如表 4.7 所示。

表 4.7　常用模拟集成温度传感器的主要技术指标

种类	型号	温度系数	最大测量误差/℃	测量范围/℃	电源电压/V	生产厂商
电流输出	AD590	$1\mu A/K$	±0.5	−50～150	4～30	Harris
	AD592	$1\mu A/K$	±0.5	−25～105	4～30	ADI
电压输出	LM35A	10mV/℃	±1.0	−55～150	4～30	NSC
	LM135	10mV/℃	±1.5	−55～150	2.7～10	
周期输出	MAX6676	$10.6401\mu s/K$	±3.0	−55～150	2.7～5.5	MAXIM
频率输出	MAX6677	4～1/16Hz/K	±3.0	−55～150	2.7～5.5	

4．AD590 温度传感器的应用

集成温度传感器是将温敏三极管及其辅助电路集成在同一个芯片上的温度传感器,且其输出结果与绝对温度成理想的正比关系。它们具有体积小、成本低、使用方便等优点,因此广泛用于温度检测、控制和许多温度补偿电路中。

4.3.5　项目总结

通过本项目的学习,应掌握以下知识重点:①理解 AD590 温度传感器的特性;②理解测温电路的原理。

通过本项目的学习,应掌握以下实践技能:①能正确使用 AD590 温度传感器;②掌握测温电路的调试方法;③掌握 AD590 温度传感器的测温方法。

项目 4.4　非接触式红外测温模块 TN9 在温度测量中的应用

4.4.1　项目目标

通过 TN9 非接触式红外测温模块测温电路的制作和调试,掌握 TN9 温度传感器的特性、电路原理和调试技能。

以 TN9 非接触式红外测温传感器为检测元件,制作一数字显示温度表,测温范围为 0～100℃。

4.4.2　项目方案

设计基于非接触式红外测温模块 TN9 的温度检测系统,以 AT89C52 单片机为核心控制单元,通过对温度信息采集与处理,获取当前环境温度,并且通过 LCD1602 显示当前温度。温度检测系统框图如图 4.23 所示。

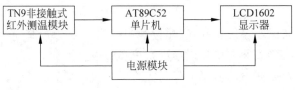

图 4.23　温度检测系统框图

4.4.3　项目实施

1．电路原理

此温度测量电路采用 AT89C52 单片机作为主控制器,TN9 非接触式红外测温模块作为温度传感器。通过单片机的 IO 引脚进行温度数据的采集,并进行温度的显示。

单片机与测温模块的电源电压均为 5V,通过编写 C 语言程序,采集温度信息,并且进行温度信息的显示。TN9 测温电路原理如图 4.24 所示。

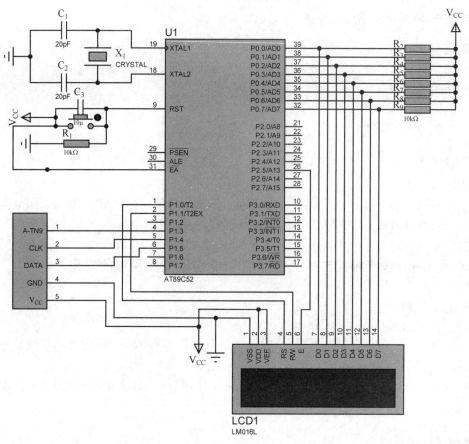

图 4.24　TN9 测温电路原理

本项目主要使用以下器件：非接触式红外测温模块 TN9、AT89C52 单片机最小系统、LCD1602 显示器、实验板、电阻等。

2. 实施步骤

（1）准备好单片机最小系统实验板、非接触式红外测温模块 TN9。

（2）将测温模块正确安装在单片机最小系统实验板上。

（3）将编写好的温度测量的程序下载到实验板中。此部分查看附录。

红外测温部分程序如下：

```
void TN_IRACK_EN(void)
{
    TN_ACK = 0;
}


void TN_IRACK_UN(void)
{
    TN_ACK = 1;
}
void TN_ReadData(uchar Flag)
```

```
{
    uchar i,j,k;
    bit BitState = 0;
    for(k = 0;k < 7;k++)
    {
        for(j = 0;j < 5;j++)
        {
            for(i = 0;i < 8;i++)
            {
                while(TN_Clk);
                BitState = TN_Data;
                ReadData[j] = ReadData[j]<< 1;
                ReadData[j] = ReadData[j]|BitState;
                while(!TN_Clk);
            }
        }
        if(ReadData[0] == Flag)
            k = 8;
    }
    TN_IRACK_UN();
}
void TN_GetData(uchar X)
{
    TN_ReadData(X);
    Temp = (ReadData[1]<< 8)|ReadData[2];
    Temp = (float)Temp/16.00 - 273.15;
}
```

（4）下载完成后，单片机实验板上电，液晶显示器即可显示当前环境温度。

（5）改变当前环境温度，观察液晶显示器上温度值的变化，并做好记录和分析。

注意事项：

在安装非接触式红外测温模块 TN9 时，需要注意 TN9 测温模块的电源、地以及信号引脚。注意测温模块的安装方向；否则将烧坏测温模块。

4.4.4　知识链接

红外测温方式在生产进程中的产品把控和监测、元件网上故障诊断和节约能源等方面发挥了重要作用。它是一种非接触式测量设备运行时拍摄的温度分布，可对任何部分的温度场进行测量，并进行内部和外部故障的实时、遥感、视觉和定量测量等，对电厂的检测，在变电站输电线路和电气设备操作上非常方便、有效；用红外测温仪，端点收敛方法和电子搜索连接收敛性诊断，检查设备的运行状况；还可以检查电池组件、配电屏终端，开关或熔断器，防止能源消耗。TN9 非接触式红外测温模块实物如图 4.25 所示。

图 4.25　TN9 非接触式红外测温模块实物图

1. TN9 非接触式红外测温模块特性

(1) 温度测量精度在±1℃内。

(2) 温度测量的分辨率为 0.1℃。

(3) 电源：DC 5V±10%。

(4) 工作环境温度不大于 60℃,工作环境湿度不大于 90%。

图 4.26　非接触式红外测温
模块 TN9 引脚图

非接触式红外测温模块引脚图如图 4.26 所示,在此,V 为电源引脚 V_{CC},V_{CC} 为 3～5V 的电压;D 为接收数据引脚,没有数据传输时,数据引脚(Data Pin)为高电平;C 为时钟输出引脚,频率为 2kHz;G 为接地引脚;A 为测温驱动信号引脚,低电平有效。

阅读知识：红外测温技术的概述

普通温度测量技术经过相当长时间的发展已近于成熟。目前,随着经济的发展日益需要的是特殊条件(如高温、强腐蚀、强电磁场条件下或较远距离)下的温度测量技术。

非接触式红外测温仪采用最新红外技术,可快速、方便地测量物体的表面温度,不需要机械地接触被测物体而快速测得温度读数。只需瞄准被测物体,按动触发器,即可在 LCD 显示屏上读出温度数据。红外测温仪的优点是重量轻、体积小、使用方便、方便携带并能准确地测量热的、危险的或难以接触的物体,而不会污染或损坏被测物体。红外测温仪每秒可测若干个读数,而接触式测温仪每秒测量就需要若干分钟的时间。

非接触式红外测温也叫辐射测温,一般使用热电型或光电探测器作为检测元件。此温度测量系统比较简单,可以实现大面积的测温,也可以是被测物体上某一点的温度测量;可以是便携式也可以是固定式,并且使用方便;其制造工艺简单,成本较低,测温时不接触被测物体,具有响应时间短、不干扰被测温场、使用寿命长、操作简单等一系列优点;但利用红外辐射测量温度,也必然受到物体反射率、测温距离、烟尘和水蒸气等外界因素的影响,其测量误差较大。

红外测温仪可以接收多种物体自身发射出的不可见红外能量,红外辐射是电磁频谱的一部分,它包括无线电波、微波、可见光、紫外、R 射线和 X 射线。红外线位于可见光和无线电波之间,红外波长常用 μm 表示,波长范围为 0.7～1 000μm,实际上,0.7～14μm 频带用于红外测温仪。红外技术及其原理无异议地理解为其精确的测温。

当由红外传感器测温时,被测物体发射出的红外能量,通过红外测温仪的光学系统在探测器上转换为电信号,该信号的温度读数显示出来。有几个决定精确测温的重要因素,最重要的因素是发射率、到光斑的距离和光斑的位置、视场。

(1) 发射率,所有物体都会反射、透过和发射能量,只有发射的能量能指示物体的温度。当红外测温仪测量表面温度时,仪器能接收到所有这 3 种能量。因此,所有红外测温仪必须调节为只读出发射的能量。测量误差通常由其他光源反射的红外能量引起。有些红外测温仪可改变发射率,多种材料的发射率值可从出版的发射率表中找到。其他仪器为固定的预置为 0.95 的发射率。该发射率值是对于多数有机材料、油漆或氧化表面的表面温度,要用一种胶带或平光黑漆涂于被测表面加以补偿,使胶带或漆达到与基底材料相同温度时,测量胶带或漆表面的温度,即为其真实温度。

(2)距离与光斑之比,红外测温仪的光学系统从圆形测量光斑收集能量并聚焦在探测器上,光学分辨率定义为红外测温仪到物体的距离与被测光斑尺寸之比($D:S$)。该比值越大,红外测温仪的分辨率越好,且被测光斑尺寸也就越小。激光瞄准用于帮助瞄准在测量点上。红外光学的最新改进是增加了近焦特性,可对小目标区域提供精确测量,还可防止背景温度的影响。

(3)视场,确保目标大于红外测温仪测量时的光斑尺寸,目标越小,就应离它越近。当精度非常重要时,要确保目标至少 2 倍于光斑尺寸。

在这种温度测量技术中,红外温度传感器的选择很重要,而且不仅在点温度测量中要使用红外温度传感器,大面积温度测量时也可以使用红外温度传感器。本设计正是采用红外温度传感器这种温度测量技术,它具有温度分辨率高、响应速度快、不干扰被测目标温度分布场、测量精度高和稳定性好等优点。另外,红外温度传感器的种类较多,发展非常快,技术比较成熟,这也是本设计采用红外温度传感器设计非接触式红外测温仪的主要原因之一。

2.非接触式红外测温模块的工作原理

(1)红外测温的工作原理

红外测温是基于黑体辐射定律,所有高于绝对零度的物体均会辐射能量,物体向外辐射能量的改变和按波长的排布与它的表面温度有很大关系,物体的温度越高,所发出的红外辐射能力越强。黑体光谱辐射亮度的普朗克公式为

$$M_\lambda = \frac{C_1}{\lambda^5} \cdot \frac{1}{e^{C_2/\lambda} - 1} \tag{4.10}$$

其中,

第一辐射常数为

$$C_1 = 2\pi hc^2 = 3.741\,833 \times 10^{-6} \quad (\text{Wm}^2)$$

第二辐射常数为

$$C_2 = \frac{hc}{k} = 10\,438\,832 \times 10^{-2} \quad (\text{mK})$$

式中,k 为玻尔兹曼常数;h 为普朗克常数;c 为电磁波在真空中的传播速度。

将普朗克公式(4.10)对其波长进行积分,阐明单元面积可以取到黑体辐射和空间半球总辐射功率,即

$$m_\tau = \int_0^\infty m_{\lambda T} \, \mathrm{d}\lambda = \sigma T^4 \tag{4.11}$$

式中,$\sigma = 5.670 \times 10^{-8} (\text{W} \cdot \text{m}^2 \cdot \text{K}^{-4})$,称为斯蒂芬-玻尔兹曼常数;$T$ 为绝对温度。只计算在实际对象类型的辐射出射度(4.10)、式(4.11)在三角级可以乘以排放率。物体的辐射出射度与辐射的温度 T 和发射率 δ 有关。只要被测物体辐射,并知道三角级发射率,就可

以计算温度。

从图 4.27 所示曲线能够看出黑体辐射具备以下几个特点。

① 任何温度下,黑体的光谱辐射强度与波长的变化,每个弧只有一个最大值。

② 随着温度的升高,与光谱辐射度极大值对应的波长减小。这说明,随着温度的增高,黑体辐射中的短波长辐射所占比例变大。

③ 随着温度的升高,黑体辐射曲线有所改善,这时对任何给定的波长,光谱辐射度变大;反之亦然。

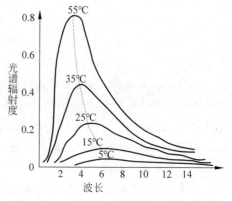

图 4.27 不同温度下的黑体光谱辐射波

阅读材料：红外测温技术的现状

经过对非接触式红外测温系统资料的搜集可以看到,近年来重要的发展趋势是非制冷红外自动测温仪有了很大的进步。红外阵列传感器的应用,在过去是用于量子型红外探测装置液氮冷却,而现在是用于非制冷红外阵列传感器。非制冷红外传感器的研究进展,如红外自动温度记录仪,其体积小、重量轻、价格低。国内外近来成功地研发了具有优异抗干扰的等效温差传感器,温度记录精度为 $0.06 \sim 0.08 ℃$,这是一个衡量毫米阵列式主动红外温度记录仪的热辐射。近年来,对红外自动温度记录仪的快速发展,使得高分辨率的温度检测、高精度、高速度成为可能。

1672 年,人们认识到太阳光(白光)是一个组合的各种颜色的光,同时,牛顿做了一个单色光在性质上更著名的白光判断的实验。棱镜将太阳光(白光)分解为红、黄、绿、橙、绿、蓝、紫等颜色的单色光。1800 年,英国物理学家 F. W. Hashel 从热的角度来研究各种颜色,发现了红外线。他研究了大量的光和热,在一个暗室中只有一个黑板,将黑板上开一个矩形孔,用于放棱镜。当太阳光穿过棱镜时,它被分解成光的彩色带,并使用温度计测量各种光的热量。为了与环境温度进行比较,在各种颜色光附近放几支温度计测量环境温度。在试验中,他偶然发现了一个奇怪的现象:在淡红色旁边的温度计示值比其他高。经过反复测试,发现位于外面的光线边缘是红色的。他宣布,太阳辐射的可见光中,有一个人的肉眼看不见的"热线",这种看不见的"热线"散发的是红光,称为红外线。红外线是一种电磁波,具备与无线电波及可见光同样的性质。红外线的出现是人类对大自然认知的一次跨跃,为考察、使用和发掘红外技术领域开拓了一条崭新的道路。

在国内,红外测温仪的起步要比国外晚,而且发展的方向也有所不同,红外波波长为 $0.76 \sim 100 m$,按波长的限制,可分为近红外、红外、远红外、超远红外 4 种,它是一种无线电波,位于电磁波频谱的可见光位置。红外辐射是最常见的一种是电磁辐射,它通常通过不断改变分子和原子不规则活动,而不断辐射红外线能量,分子和原子的活动愈强烈,辐射的能量愈大;反之,辐射的能量愈小。

红外探测设备的研究和开发起步较晚,虽然目前生产厂家众多,但技术水平参差不齐,规模较小的厂家其研究和开发能力相对不足。热辐射采集设备技术在国内外存在以下主要问题。

（1）必须准确确定被测物体的发射率。

（2）避免高温物体对周围环境的影响。

（3）非模块化设计，产品安装维护复杂。

（2）红外测温方法

根据原占空比的温度不同，红外测温系统可被设计成3种方式：通过辐射被测物体，以确定该物体的辐射温度所有波长的热辐射称为总辐射测温；经过测量对象对一定波长的单色辐射率，以确定它的亮度温度称为亮度温度方法；利用辐射体在两个不同波长光谱辐射亮度之比与温度之间的函数关系实现温度测量的方法，称为比色测温法。

无温度补偿的亮度温度测量方法，其计算误差小、测温精度高，但在短波区域，只适用于高温测量。比色测温法的光学系统可局部遮盖，受烟雾尘埃干扰小，测温差异小，但务必选取适当波段，使波段的放射率出入不大。以待检测全辐射的方式来计算物体的温度，整个辐射测温是所有基于波长范围和温度的总辐射，从而获得物体的辐射温度。这是因为波长较大的低温物体，辐射信号很弱，并且结构简单、损耗低，但其温度测量精度稍差。

依照普朗克公式，可推导出辐射体温度与检测电压之间的关系为

$$U = Ra \cdot \varepsilon\sigma T^4 = KT^4 \tag{4.12}$$

式中，K 为 $Ra \cdot \varepsilon\sigma$，由实验确定，$\varepsilon \cdot 1$ 校准。

通过式（4.12），能够经过检测电压来判别被测物体的温度。式（4.12）指出，探测器输出信号与被检温度呈非线性关联，U 与 T 的 4 次方成正比，于是要线性化改良。线性化后，得到的表面温度为辐射率校正所需的真实温度。

其校正式为

$$T = \frac{T_R}{\sqrt[4]{\varepsilon(t)}} \tag{4.13}$$

式中，T_R 为辐射温度（温度）；$\varepsilon(t)$ 为辐射率，取 $0.1 \sim 0.9$。

阅读材料

红外测温是一种新技术和新方法，是根据红外技术的发展，研究红外辐射的发生、传输、转化、探测并付诸实用的一门科学技术。随着当代电子技术的进展，电子设备慢慢地显示出其向高集成化和小型化的发展趋势。传统的水银体温计尽管价格便宜，但也有不少弊病，如要经过刻度值来判断温度高低、偶尔由于光亮较暗使观察者难以正确判别及测量等待时间长等。某些威胁人类健康的流行病，其特点是体温改变，但是在公共场合，如车站、商店、栈房和娱乐场所等用水银温度计检测人体体温并非一件容易的事；而采用非接触式的红外测温计就可以减少交叉感染。

红外辐射测温仪能够准确、快速地测得物体温度。由于红外辐射测温属于非触碰式测温，因此它在检测物体表面温度时不会造成物体温度的改变，也不会在测量前受周围气体或环境温度（热）变动的干扰，在一些不容易用传统的接触式温度测量场合，红外辐射测温仪是特别实用的。例如，传统温度计主要有两种，即水银温度计、电子温度计，测量部位是口腔、腋窝、直肠。显然，这两种温度计在我国"非典"期间的快速检测是不适合

大量人群的。而热电型红外线温度计可以通过挖掘耳膜收集红外辐射能量检测体温,因为下丘脑可进行温度的调度,通过内部颈动脉的下部丘脑,结果反映体温调节,包括颈动脉附近的温度和鼓膜附近的下丘脑温度,所以它的温度更精确。对于疑似患者,使用红外辐射温度计是一种安全、有效的方法。例如,用传统接触式测量对测量人员来说存在不便,而此时若采用非接触式的红外辐射式测温仪则不存在这样的问题。

3. 红外测温模块的操作过程

控制器对红外测温模块的操作流程主要包括以下几个步骤,即关闭测温、开始测温、读取目标温度或者环境温度、计算温度值。

操作程序如下:

```
TN_IRACK_UN();
TN_IRACK_EN();
TN_GetData(0x4c);
MBTemp = Temp;
TN_IRACK_UN();
TN_IRACK_EN();
TN_GetData(0x66);
HJTemp = Temp;
```

其中,TN_IRACK_UN();为关闭测温子程序;TN_IRACK_EN()为开始测温子程序;TN_GetData(0x4c)为读取目标温度子程序;TN_GetData(0x66)为读取环境温度子程序。

(1) 关闭测温。

在使用 TN9 红外测温模块时,首先要关闭测温。也就是将测温驱动信号引脚 A 置为高电平。程序如下:

```
void TN_IRACK_UN(void)
{
    TN_ACK = 1;
}
```

其中,TN_ACK 为 TN9 的测温驱动信号引脚。

(2) 开始测温。

在关闭测温功能后,需要开始测温。也就是将测温驱动信号引脚 A 置为低电平。程序如下:

```
void TN_IRACK_EN(void)
{
    TN_ACK = 0;
}
```

其中,TN_ACK 为 TN9 的测温驱动信号引脚。

(3) 读取目标温度或者环境温度。

红外测温模块的数据格式如表 4.8 所示。

表 4.8　红外测温模块数据格式

Item	MSB	LSB	Sum	CR

在此数据格式中,有 5 字节的数据,分别为 Item、MSB、LSB、Sum 和 CR,具体含义如下。

Item——区分目标温度与环境温度字节,当为"L"(4CH)时,检测的为目标温度;当为"F"(66H)时,表示环境温度。

MSB——8 位温度数据,高 8 位。

LSB——8 位温度数据,低 8 位。

Sum——校验字节,Item+MSB+LSB=Sum,表示检查和。

CR——结束字节,0DH。

读取目标温度或者环境温度的程序如下:

```
void TN_ReadData(uchar Flag)
{
    uchar i,j,k;
    bit BitState = 0;
    for(k = 0;k < 7;k++)
    {
        for(j = 0;j < 5;j++)
        {
            for(i = 0;i < 8;i++)
            {
                while(TN_Clk);
                BitState = TN_Data;
                ReadData[j] = ReadData[j]<< 1;
                ReadData[j] = ReadData[j]|BitState;
                while(!TN_Clk);
            }
        }
        if(ReadData[0] == Flag)
            k = 8;
    }
    TN_IRACK_UN();
}
```

在此程序中,TN_Clk 为红外测温模块的时钟引脚,当此引脚为高电平向低电平跳变时,开始采集数据;TN_Data 为红外测温模块的数据引脚,将 TN_Data 采集的数据逐位赋值给 BitState,直到采集到 5 字节的数据为止。

然后判断采集数据的第 1 字节是否等于规定的字符,若等于规定的字符,则判断是等于 4CH 还是等于 66H,若等于 4CH 则表示采集的数据为目标温度,若为 66H 则表示采集的数据为环境温度。当 CR 字节为 0DH 时,代表数据结束。不等于规定的字符,则继续进行数据读取。完成后关闭测温即可。

(4) 计算温度值。

无论测量的温度是目标温度还是环境温度,都是用十六进制数表示的,需要将采集的数

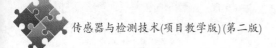

据转换为温度数据。

温度转换公式为

$$\frac{目标温度}{环境温度} = \frac{温度}{16 - 273.15} \tag{4.14}$$

温度数据由 MSB 与 LSB 共同表示。MSB 为 16 位温度数据的高 8 位,LSB 为 16 位温度数据的低 8 位。

例如,如果 MSB 是 14H,LSB 是 2AH,则采集温度的十六进制数为 142aH,转换为十进制数为 5 162,所以测得的温度为 5 162/16−273.15＝49.475(℃)。

程序如下:

```
Temp = (ReadData[1]<< 8)|ReadData[2];
    Temp = (float)Temp/16.00 − 273.15;
```

经过以上几个步骤,即可完成红外测温模块的控制。

阅读材料:红外测温技术发展

红外测温检测的仪器是从单一到繁杂逐渐研发而成的。红外测温仪最早是以一个点的温度检测,然后是对线的温度检测,这并不能显示物体的真实表面温度。直到 20 世纪 50—60 年代,由于红外探测器的光子探测器的迅速发展,经过大量实验,形成热成像系统的理论基础。

SARS 爆发后,人们越来越重视公共卫生和安全。非接触、高精度医用红外温度计能够在公共场合及人流量大的场合迅速检测具有重要的意义。它不但具备强大的商业价值,并且具有重要的社会价值。

由于红外资源及传感器范畴创新的开发,新式测温仪器正逐渐替代传统的检测手法。如今美国、英国等正致力于增强前视红外系统信息处理技术(如智能人工目标分类),使便携式 PC 可以实时生成高分辨率的图像,以解决缺陷方面的研究和产业化。世界上除少数大型军工企业(如美国霍尼韦尔公司、休斯飞机公司)外,许多大商业公司(如三菱电气、日本横河(株)、瑞典 AGA 公司、法国 Pyro 公司、Sofradier 公司、HGH 红外系统工程公司等)也正在积极地从事红外测温、热成像技术的科研及产品研发。在中国,近年来,随着中国工业的快速发展、产品升级的需求,有越来越多的温度计涌现,虽然热电偶(热电阻)一类的接触感温元件仍然具有很大的优势,但非接触红外测温仪已被业界关注。

---

4. 红外测温技术的应用

红外测温技术的应用非常广泛,其中最值得一提的是红外热成像技术。红外热成像技术是利用各种探测器来接收物体发出的红外辐射,再进行光电信息处理,最后以数字、信号、图像等方式显示出来,并加以利用的探知、观察和研究各种物体的一门综合性技术。

它涉及光学系统设计、器件物理、材料制备、微机械加工、信号处理与显示、封装与组装等一系列专门技术。

该技术除主要应用在黑夜或浓厚幕云雾中探测对方的目标、探测伪装的目标和高速运动的目标等军事应用外,还可广泛应用于工业、农业、医疗、消防、考古、交通、地质、公安侦察等领域。如果将这种技术大量应用到安防监控领域中,将会引起安防监控领域的变革。

4.4.5　项目总结

通过本项目的学习,应掌握以下知识重点:①理解红外测温模块 TN9 的特性;②理解测温电路的原理。

通过本项目的学习,应掌握以下实践技能:①能正确使用红外测温模块 TN9;②掌握测温电路的调试方法;③掌握红外测温模块 TN9 的测温方法。

项目 4.5　电阻型湿度传感器在土壤检测系统中的应用

4.5.1　项目目标

通过电阻型湿度传感器测湿电路的制作和调试,掌握电阻型湿度传感器的特性、电路原理和调试技能。

以电阻型湿度传感器作为检测元件,制作一数字显示湿度表,测湿范围为 0%～100%。

4.5.2　项目方案

设计基于电阻型湿度传感器的湿度检测系统,以 AT89C52 单片机为核心控制单元,通过对土壤湿度信息采集与处理,获取当前湿度,并且通过 LCD1602 显示当前湿度。湿度检测系统框图如图 4.28 所示。

图 4.28　湿度检测系统框图

4.5.3　项目实施

1. 电路原理图

此土壤湿度测量电路采用 AT89C52 单片机作为主控制器,FC-28 作为湿度传感器。通过单片机的 IO 引脚进行土壤湿度数据的采集,并进行土壤湿度的显示。

单片机与 FC-28 传感器的电源电压均为 5V,通过编写 C 语言程序,采集土壤湿度信息,进行土壤湿度信息的显示。FC-28 土壤湿度检测电路原理图如图 4.29 所示。

本项目主要使用以下器件,即 FC-28 土壤湿度传感器、AT89C52 单片机最小系统、LCD1602 显示器等。

117

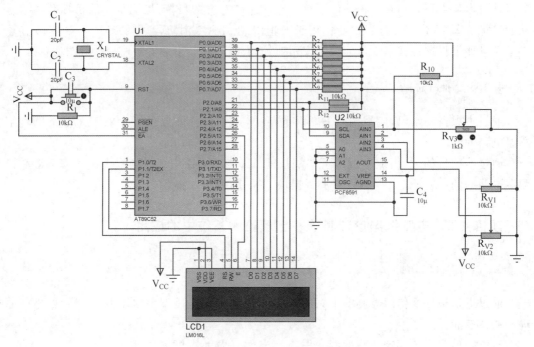

图 4.29　FC-28 土壤湿度检测电路原理图

2. 实施步骤

(1) 准备好单片机最小系统实验板、土壤湿度传感器 FC-28。

(2) 将传感器正确安装在单片机最小系统实验板上。

(3) 将编写好的土壤测量程序下载到实验板中,此部分查看附录。

基于单片机的土壤湿度检测部分程序如下:

```
while(1)
    {
        PCF8591_SendByte(AddWr,0);
        D[0] = PCF8591_RcvByte(AddWr);
        temp = 100 − D[0] * 100/255;
        LCD_Write_Char(3,0,temp/10 % 10 + '0');
        LCD_Write_Char(4,0,temp % 10 + '0');
        LCD_Write_Char(8,0,'%');
    }
```

4.5.4　知识链接

湿度检测在工农业生产、医疗卫生、食品加工及日常生活中,具有非常重要的地位与作用,直接关系到产品的质量,如半导体制造中静电电荷与湿度有直接关系等。

湿度是表示空气中水蒸气含量的物理量,其表示方法有 3 种,即绝对湿度、相对湿度和露点。一般情况下,湿度均指相对湿度,用 RH％表示,其值范围是 0％～100％RH。目前,湿度传感器的种类繁多,特性各异,若按材料划分,有高分子材料、半导体陶瓷、电解质及其他材料；若按工作原理划分，则分为电阻型和电容型两种，分别用符号 R_H 和 C_H 表示。

本项目所使用的 FC-28 电阻型湿度传感器的实物如图 4.30 所示。

图 4.30　FC-28 电阻型湿度传感器实物

阅读资料：

1. 湿度的表示方法

湿度是表示空气中水蒸气含量的物理量，其表示方法有 3 种，即绝对湿度、相对湿度和露点。

（1）绝对湿度。

绝对湿度是指单位体积空气内所含水蒸气的质量，一般用 $1m^3$ 空气中所含水蒸气的克数来表示（g/m^3），即

$$H_a = \frac{m_v}{V} \qquad (4.15)$$

式中，m_v 为待测空气中水蒸气的质量；V 为待测空气的总体积。

（2）相对湿度。

相对湿度表示空气中实际所含水蒸气的分压和同温度下饱和水蒸气的分压的百分比，即

$$H_T = \frac{P_W}{P_N} \times 100\% \qquad (4.16)$$

式中，P_W 为待测空气中水蒸气的质量；P_N 为待测空气的总体积。

相对湿度一般用 RH％ 表示，为无量纲值。通常所说的湿度即为相对湿度。相对湿度受温度、气压影响较大，因为气体温度和压力改变时，因饱和水蒸气变化，所以气体中的水蒸气压力即使相同，其相对湿度也发生变化。

（3）露点。

保持气体压力不变，降低温度，使混合气体中的水蒸气达到饱和而开始结露或结霜时的温度称为露点温度，简称为露点，单位为℃。

2. 湿度传感器的分类

水是一种极强的电解质。水分子有较大的电偶极矩，在氢原子附近有极大的正电场，因而它有很强的电子亲和力，使得水分子易吸附在固体表面并渗透到固体内部。利用

水分子这一特性制成的湿度传感器称为水分子亲和力型传感器。水分子亲和力型传感器按材料不同,又可分为碳膜、硒膜、电解质、高分子材料、金属氧化物膜、金属氧化物陶瓷和水晶振子湿度传感器。而把与水分子亲和力无关的湿度传感器称为非水分子亲和力型传感器。这类传感器主要有热敏电阻式、红外、微波及超声波湿度传感器。在现代工业上使用的湿度传感器大多是水分子亲和力型传感器,它将湿度的变化转换为阻抗或电容值的变化后输出。

1. FC-28 土壤湿度传感器的特性

(1) 此土壤传感器做土壤湿度的检测,表面采用镀镍处理,有加宽的感应面积,可以提高导电性能,防止接触土壤容易生锈的问题,延长使用寿命。

(2) 产品可以宽范围控制土壤的湿度,通过电位器调节控制相应阈值,湿度低于设定值时 DO 输出高电平,高于设定值时 DO 输出低电平。

(3) 比较器采用 LM393 芯片,工作稳定。

(4) 工作电压为 3.3～5V。

(5) 设有固定螺栓孔,方便安装。

(6) PCB 尺寸:3.2cm×1.4m。

阅读资料:湿度传感器的特点

湿度传感器产品的基本形式都是在基片涂覆感湿材料形成感湿膜,空气中的水蒸气吸附感湿材料后,元件的阻抗、介质常数发生很大的变化,从而制成湿敏元件。

国内外各厂家生产的湿度传感器水平不一,质量和价格相差较大,湿度传感器的主要特点如下。

(1) 精度和长期稳定性。

湿度传感器的精度应达到±2%～±5%RH,达到这个水平很难作为计量器具使用。湿度传感器要达到±2%～±3%RH 的精度是比较困难的,通常产品资料中给出的特性是在常温(20℃±10℃)和洁净的气体中测量的。在实际使用中,由于尘土、油污及有害气体的影响,使用时间一长,就会产生老化,使精度下降。湿度传感器的精度水平要结合其长期稳定性去判断,一般来说,长期稳定性和使用寿命是影响湿度传感器质量的头等问题,年漂移量控制在 1%RH 水平的产品很少,一般都在±2%左右甚至更高。

(2) 湿度传感器的温度系数。

湿敏元件除对环境湿度敏感外,对温度也十分敏感,其温度系数一般在 0.2%～0.8% RH/℃范围,而且有的湿敏元件在不同的相对湿度下,其温度系数又有差别。温漂非线性,这需要在电路上加温度补偿。采用单片机软件补偿,或无温度补偿的湿度传感器是保证不了全温范围精度的,湿度传感器温漂曲线的线性化直接影响到补偿的效果,非线性的温漂往往补偿不出较好的效果,只有采用硬件温度跟随性补偿才会获得真实的补偿效果。湿度传感器工作的温度范围也是重要参数。多数湿敏元件难以在 40℃以上正常工作。

（3）湿度传感器的供电。

金属氧化物陶瓷、高分子聚合物和氯化锂等湿敏材料施加直流电压时，会导致性能变化甚至失效，所以这类湿度传感器不能用直流电压或有直流成分的交流电压，必须是交流电供电。

（4）互换性。

目前，湿度传感器普遍存在着互换性差的现象，同一型号的传感器不能互换，严重影响了使用效果，给维修和调试增加了困难，有些厂家在这方面作出了种种努力，(但互换性仍很差)取得了较好效果。

（5）湿度校正。

校正湿度要比校正温度困难得多。温度标定往往用一根标准温度计作标准即可，而湿度的标定标准较难实现。干湿球温度计和一些常见的指针式湿度计是不能用来作标定的，精度无法保证。因其要求环境条件非常严格，一般情况下，(最好在湿度环境适合的条件下)在缺乏完善的检定设备时，通常用简单的饱和盐溶液检定法，并测量其温度。

2．FC-28 土壤湿度传感器的工作原理

根据传感器的特性不同，常用湿度传感器分为电阻式和电容式两种。本项目所使用的FC-28 土壤湿度传感器为电阻式湿度传感器。

电阻式湿度传感器根据使用材料不同可以分为高分子型和陶瓷型。MCT 系列陶瓷材料温度在 200℃ 以下时，电阻值受温度影响比较小；当温度在 200℃ 以上时呈现普通的热敏电阻特性，这样加热清洗的温度控制可利用湿敏陶瓷在高温时具有热敏电阻特性进行自动控制。由于传感器的基片与湿敏陶瓷容易受到污染，当电解质附着在基片上时，传感器端子间将产生电气泄漏，相当于并联一只泄漏电阻，因此需要在基片上增设防护圈。湿度阻抗特性数据如表 4.9 所示。

表 4.9　湿度阻抗特性数据表

湿度/%	不同温度下阻抗特性数据				
	15℃	25℃	35℃	40℃	55℃
30	518.8	352.8	256.7	241.3	137
35	347.6	261.8	143	137	80.33
40	277.2	166.6	93.6	81.53	50
45	172.8	92.8	60.3	52.7	33.38
50	96.3	60.6	41.43	34.3	22.05
55	70.8	40.4	29.12	24.25	15.88
60	56.2	29.5	20.8	17.71	12.17
65	43.3	21.1	15.61	13.12	9.02
70	31.3	15.44	11.51	10.09	6.58
75	22.6	11.84	8.74	7.35	4.64

续表

湿度/%	不同温度下阻抗特性数据				
	15℃	25℃	35℃	40℃	55℃
80	15.8	9.13	6.52	5.46	3.38
85	10.48	6.55	4.52	3.89	2.48
90	7	4.6	3.15	2.65	1.807

阅读资料：湿敏电容传感器

湿敏电容传感器是利用两个电极间的电介质随温度变化引起电容值变化的特性制造出来的。

湿敏电容传感器的上、下电极中间夹着湿敏器件，并附着在玻璃或陶瓷基片上。若湿敏器件吸收周围的湿度变化时，由此介电常数发生变化，相应的电容量发生变化，通过检测电容量的变化就能检测周围的湿度。

检测电容变化可采用湿敏与电感器构成的 LC 谐振电路，作为其振荡频率变化求取的方法，也可作为求取周期变化的方法。湿敏电容传感器的湿度检测范围宽、响应速度快、体积小、线性好、较稳定，很多湿度计都使用这种传感器。

3. FC-28 电阻型湿度传感器的操作流程

由于电阻型湿度传感器采集的信号为湿度信号，输出信号为模拟信号，单片机可以处理的信号为数字信号，因此需要在整个系统中加入 A/D 转换模块。在本设计项目中，使用 PCF8591 A/D 转换器，为 8 位的 A/D 转换器，可以由 4 路模拟量输入通道，其 PCF8591 与 FC-28 之间的接线原理图如图 4.31 所示。

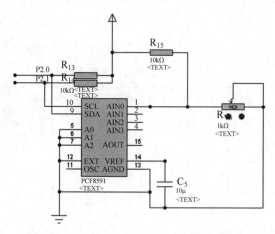

图 4.31　PCF8591 与 FC-28 之间的接线原理

图 4.31 中，R_{V6} 为电阻湿度传感器。R_{15} 为模拟量输入的上拉电阻，阻值为 10kΩ，PCF8591 转换器可以采集电压值，因此需要将电阻型湿度传感器的输出电阻值转换为电压值，根据电路原理图，模拟量输入引脚的电压值 U_{AIN0} 与电阻型湿度传感器 R_c 之间的关

系为

$$U_{\text{AIN0}} = \frac{5R_{\text{c}}}{(10 + R_{\text{c}})} \tag{4.17}$$

经过转换得出当前温度下的电阻型湿度传感器电阻值为

$$R_{\text{c}} = \frac{10U_{\text{AIN0}}}{5 - U_{\text{AIN0}}} \quad (\text{k}\Omega) \tag{4.18}$$

在本设计中,5V 电压对应的数字量为 255,将采集的电阻值进行转换的程序为

```
temp = 100 - D[0] * 100/255;
```

通过此程序,可获取当前温度下的电阻型湿度传感器的阻值。

4. 电阻型湿度传感器的应用

土壤湿度传感器是一种用于测量土壤水分的仪器。土壤湿度传感器适用于节水农业灌溉、温室大棚、花卉蔬菜、草地牧场、土壤速测、植物培养、科学试验等领域,同时具有定点连续、自动化、宽量程、少标定等特点。

阅读资料:湿度传感器应用电路设计注意事项

基于湿度传感器的特点,在应用湿度传感器设计应用电路时,主要应考虑以下几方面的问题。

(1) 采用正弦激励信号源。

湿度传感器最理想的激励源为正弦波信号,工作频率为 1kHz 左右,且失真小,不含直流分量,信号幅度在 1V 左右,具体数值以制造商提供的产品手册数据为准,电压过高会影响传感器的可靠性;电压过低,则会因传感器的阻抗高而受到噪声的影响。

(2) 对阻抗特性的处理。

因湿度传感器的湿度—阻抗特性呈指数规律变化,所以湿度传感器的输出信号也是按指数规律变化,在 $30\% \sim 90\%$ RH 范围,电阻变化 $10^4 \sim 10^5$ 倍。可利用对数压缩电路来解决,通常使用硅二极管正向压降和电流呈指数规律变化的特性来构成运算放大电路,而且要选高输入阻抗(场效应管)的放大电路实现处理,保证低湿度时测量的准确性(因低湿度时阻抗很大)。

(3) 温度补偿。

湿度传感器的特性与温度关系密切,相同湿度下,温度不同时其电性能也不相同,因此要进行温度补偿。补偿的方法主要有两种,即利用二极管构成对数压缩电路和利用负温度系数热敏电阻进行补偿。

(4) 线性化电路。

大多数情况下,湿度传感器的输出与湿度并不是呈线性关系。为了准确显示湿度值,必须加入线性化电路,使传感器的输出信号与湿度呈线性关系。线性化电路用得比较多的是折线法,但在要求不太高的情况下或者测量范围不大时,也可以直接采用电平移动的方法来获取湿度信号。

4.5.5 项目总结

通过本项目的学习,应掌握以下知识重点:①理解电阻型湿度传感器的特性;②理解土壤湿度电路的原理。

通过本项目的学习,应掌握以下实践技能:①能正确使用电阻型湿度传感器;②掌握土壤湿度检测电路的调试方法;③掌握电阻型湿度传感器的测量方法。

项目4.6 电容型湿度传感器HS1101在简易湿度计中的应用

4.6.1 项目目标

通过 HS1101 湿度传感器测湿电路的制作和调试,掌握 HS1101 湿度传感器的特性、电路原理和调试技能。

以 HS1101 湿度传感器作为检测元件,制作一数字显示湿度表。

4.6.2 项目方案

设计基于电容型湿度传感器 HS1101 湿度检测系统,以 AT89C52 单片机为核心控制单元,通过对湿度信息的采集与处理,获取当前环境湿度,并且通过 LCD1602 显示当前湿度。湿度检测系统框图如图 4.32 所示。

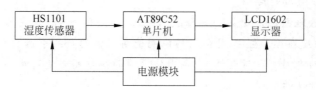

图 4.32　湿度检测系统框图

4.6.3 项目实施

1．电路原理

湿度测量电路采用 AT89C52 单片机作为主控制器,HS1101 作为湿度传感器。通过单片机的 IO 引脚进行湿度数据的采集,并进行湿度的显示。

单片机与 555 定时器的电源电压均为 5V,通过编写 C 语言程序采集湿度信息,并且进行湿度信息的显示。HS1101 测湿电路原理图如图 4.33 所示。

本项目主要使用以下器件,包括湿度传感器 HS1101、AT89C52 单片机最小系统、555 定时器、LCD1602 显示器、实验板、电阻等。

2．实施步骤

(1) 准备好单片机最小系统实验板、湿度传感器 HS1101。

(2) 需要将 555 定时器焊接在电路板上,然后根据电路原理图将电阻焊接到 555 定时器周围。

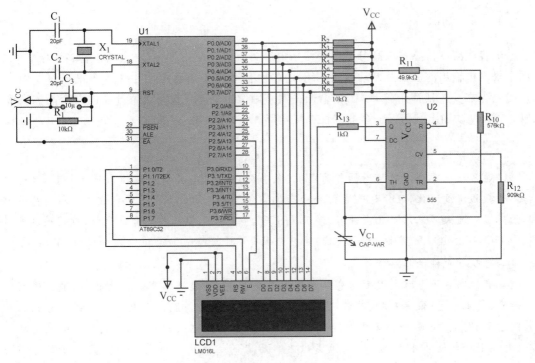

图 4.33　HS1101 测湿电路原理图

（3）将 HS1101 传感器连接到相应管脚。

（4）将编写好的温度测量程序下载到实验板中。此部分可查看附录。

基于单片机的湿度检测部分程序如下：

```
if(F<=8500 && F>=6800)
{
        C=1000000000/(0.7*F*1050);
RH=2.5*C-400 ;
}
else
   {RH=100;}
Disp_RH(RH);
if(RH>80)
{
    beep();
    DispStr(1,1,"RH is high");
    delaynms(20);
}
if(RH<30)
{
    beep();
    DispStr(1,1,"RH is low");
    delaynms(20);
}
```

（5）下载完成后，单片机实验板上电，液晶显示器即可显示当前环境湿度。

（6）改变当前环境湿度，观察液晶显示器上湿度值的变化，并做好记录和分析。

4.6.4 知识链接

电容型湿度传感器以高分子薄膜湿敏电容为湿度感应元件,以一个晶体管多谐振荡器、两个集电极输出滤波器及差动输出端组成换能电路,湿敏电容同时也作为多谐振荡器两个定时电容之一。其特征在于:①多谐振荡器采用孪生晶体三极管代替分立的两个晶体三极管;②在差动输出端跨接一个非线性补偿电路。

阅读材料

通常把电容型湿敏传感器称为湿敏(或感湿)电容器,极间介质作为感湿材料,其介电常数随湿度变化,可分为陶瓷材料和有机高分子材料两大类。陶瓷电容式湿敏传感器的感湿介质大多采用多孔多晶硅、多孔氮化硅、多孔氧化铝及其复合氧化物,或用玻璃和 $BaTiO_3$-$BaSnO_2$ P 型半导体多孔陶瓷复合物等,通过控制陶瓷组分的分散性、孔径、粒度等可改善元件的感湿特性。

有机高分子电容式湿敏传感器常使用聚酰亚胺、醋酸纤维素及衍生物、醋酸丁酸纤维素、聚苯乙烯、聚泰亚胺、铬酸醋酸纤维素、聚苯乙烯等薄膜为介质。常用结构分为三明治型(图 4.34)和平铺叉指型(图 4.35)两种。前者上电极是孔状的,电容器的两电极(电极 1 和电极 2)较接近,提高了灵敏度。后者的铝叉指电极之间嵌有聚酰亚胺介质层,电容器是横向结构的,其优点是工艺简单、易于与测量电路集成;缺点是电容值小、灵敏度低。

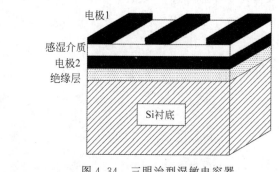

图 4.34 三明治型湿敏电容器

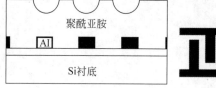

图 4.35 平铺叉指型湿敏电容器的结构

---

1. 湿度传感器 HS1101 特性

湿度传感器 HS1101 是基于独特工艺设计的电容元件,这些相对湿度传感器可以大批量生产；可以应用于办公自动化、车厢内空气质量控制、家电、工业控制系统等。它有以下几个显著的特点。

(1) 全互换性，在标准环境下无须校正。

(2) 长时间饱和下快速脱湿。

(3) 可以自动焊接，包括波峰或水浸。

(4) 高可靠性与长时间稳定性。

(5) 固态聚合物结构。

(6) 可用于线性电压或频率输出回路。

(7) 快速反应时间。

图 4.36　HS1101 实物

湿度传感器 HS1101 实物如图 4.36 所示。

湿度传感器 HS1101 的特性如下。

(1) 相对湿度在 0%～100%RH 范围。

(2) 电容量由 162pF 变到 200pF，其误差不大于 2%RH。

(3) 响应时间小于 5s；温度系数为 0.04pF/℃。可见其精度是较高的。

湿度传感器 HS1101 的一些常用参数如表 4.10 所示。

表 4.10　HS1101 常用参数

参　　数	符　　号	参　数　值	单　　位
工作温度	T_a	−40～100	℃
储存温度	T_{stg}	−40～125	℃
供电电压	U_s	10	V_{ac}
湿度范围	RH	0～100	%RH
焊接时间@＝260℃	t	10	S

2. 湿度传感器 HS1101 的工作原理

HS1101 是一种基于电容原理的湿度传感器，相对湿度的变化和电容值的变化呈线性规律，其湿度-电容响应曲线如图 4.37 所示。

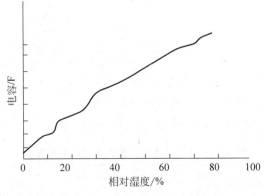

图 4.37　湿度-电容响应曲线

在自动检测系统中,电容值随着空气湿度的变化而变化,因此需要将电容的变化转换成电压或频率的变化,才能进行有效的数据采集。因此,需要用555定时器集成电路组成振荡电路,湿度传感器 HS1101 相当于振荡电容,从而完成湿度到频率的转换。简易湿度检测系统原理图由两个部分组成,分别为湿度传感器与555振荡电路。555 芯片外接电阻 R_4、R_2 与 HS1101,构成对 HS1101 的充电回路。湿度传感器 HS1101 的接口电路如图4.38所示。

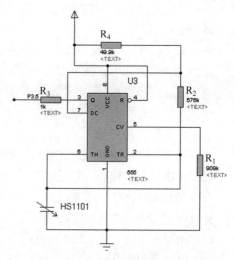

图 4.38　HS1101 湿度传感器的接口电路

引脚7通过芯片内部的晶体管对地短路实现对 HS1101 的放电回路,并将引脚2、6相连引入到片内比较器,构成一个多谐振荡器,其中,R_4 相对于 R_2 必须非常小,但决不能低于一个最小值。R_1 是防止短路的保护电阻。

HS1101 作为一个变化的电容器,连接引脚 2 和 6 作为 R_4 的短路引脚。HS1101 的等效电容通过 R_4 和 R_2 充电达到上限电压(近似于 $0.67V_{CC}$,时间记为 T_1),这时 555 的引脚 3 由高电平变为低电平,然后通过 R_2 开始放电,由于 R_4 被引脚 7 内部短路接地,所以只放电到触发界线(近似于 $0.33V_{CC}$,时间记为 T_2),这时 555 芯片的引脚 3 变为高电平。通过不同的两个电阻 R_4、R_2 进行传感器的不停充放电,产生方波输出。将 555 芯片输出的方波接入单片机后,可以利用单片机进行湿度的检测与显示。

根据 HS1101 湿度传感器的接口电路,在计算湿度之前需要先知道 555 芯片的输出频率。根据频率与湿度之间的线性关系求得湿度值即可。

根据电路图可知,HS1101 充电时间为

$$t_1 = C(R_4 + R_2)\ln 2 \tag{4.19}$$

HS1101 放电时间为

$$t_2 = CR_2\ln 2 \tag{4.20}$$

输出波形的频率和占空比的计算公式为

$$f = \frac{1}{T} = \frac{1}{t_1 + t_2} = \frac{1}{C(R_4 + 2R_2)\ln 2} \tag{4.21}$$

则湿度为

$$D = \frac{t_1}{T} = \frac{C(R_4 + R_2)\ln 2}{C(R_4 + 2R_2)\ln 2} = \frac{R_4 + R_2}{R_4 + 2R_2} \tag{4.22}$$

通过上面的计算过程即可求得当前的相对湿度值。

频率输出典型参数与湿度的对应值如表4.11所示。

表 4.11　频率输出典型参数与湿度对应值表

RH	0	10	20	30	40	50	60	70	80	90	100
F_r	7 375	7 224	7 100	6 976	6 853	6 728	6 600	6 468	6 330	6 186	6 033

注:555 为典型的 CMOS 类型 TLC555,RH 百分比相对湿度,F 的单位为 Hz。保证在 55%RH 的典型湿度值为 6 660Hz。

3. 湿度传感器 HS1101 的操作流程

根据图 4.33 可知,将 555 定时器的输出接口接到单片机的 P3.5 引脚,为单片机的定时器 1 引脚,因此需要使用定时器 1 的计数功能和定时器 0 的定时功能。

(1) 定时器 0 的定时功能。

T0 定时器的中断服务程序主要实现 555 定时器输出频率的计算,设置定时器 0 定时 50ms,当 T0 定时器发生中断时,设置中断标志位 flag=1。定时器中断程序如下:

```
void Time0(void) interrupt 1
{
    TH0 = (65536 - 50000)/256;
    TL0 = (65536 - 50000) % 256;
    T0_count++;
    if(T0_count == 20)
    {
        flag = 1;
        TR1 = 0;
        TR0 = 0;
        T0_count = 0;
    }
}
```

(2) 定时器 1 的计数功能。

当定时器 0 发生中断时,读取定时器 1 的计数脉冲个数。程序如下:

```
void Time1(void) interrupt 3
{
    TH1 = 0x00;
    TL1 = 0x00;
    T1_count++;
}
```

(3) 计算湿度值。

首先需要计算 555 定时器的输出频率,程序如下:

```
F = T1_count * 65536 + TH1 * 256 + TL1;
```

获取频率值后,进行湿度值的计算,程序如下:

```
C = 1000000000/(0.7 * F * 1050);
RH = 2.5 * C - 400 ;
```

经过上述过程,即可获取当前环境湿度。

4. 湿度传感器 HS1101 的应用

(1) 温湿度仪表。

(2) 孵化机。

(3) 空调、除湿机、加湿器等产品。

129

（4）电子、制药、粮食、仓储、烟草、纺织、气象等行业、OA 设备。

（5）冰箱、冰柜、酒柜、温湿度控制器/变送器。

4.6.5 项目总结

通过本项目的学习,应掌握以下知识重点:①理解湿度传感器 HS1101 的特性;②理解测湿电路的原理。

通过本项目的学习,应掌握以下实践技能:①能正确使用湿度传感器 HS1101;②掌握测湿电路的调试方法;③掌握 HS1101 湿度传感器的测湿方法。

项目 4.7 集成式湿度传感器 HIH3610 在湿度测量系统中的应用

4.7.1 项目目标

通过集成式湿度传感器 HIH3610 湿度控制电路的制作和调试,掌握集成式湿度传感器 HIH3610 的特性、电路原理和调试技能。

以集成式湿度传感器 HIH3610 作为检测元件,制作一数字显示湿度表。

4.7.2 项目方案

设计基于集成式湿度传感器 HIH3610 湿度检测系统,以 AT89C52 单片机为核心控制单元,通过对湿度信息的采集与处理,获取当前环境温度,并且通过 LCD1602 显示当前湿度。湿度检测系统框图如图 4.39 所示。

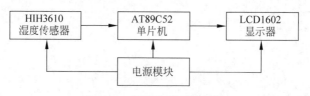

图 4.39　湿度检测系统框图

4.7.3 项目实施

1. 电路原理

此温度测量电路采用 AT89C52 单片机作为主控制器,HIH3610 作为湿度传感器。通过单片机的 IO 引脚进行湿度数据的采集,并进行湿度的显示。

单片机与湿度传感器的电源电压均为 5V,HIH3610 湿度传感器测量空气中的湿度,输出与空气中的湿度呈线性的电压,而后通过单片机的模数转换的采集,并将采集到的湿度显示出来。

通过编写 C 语言程序,采集温度信息,并且进行湿度信息的显示。HIH3610 湿度检测系统原理如图 4.40 所示。

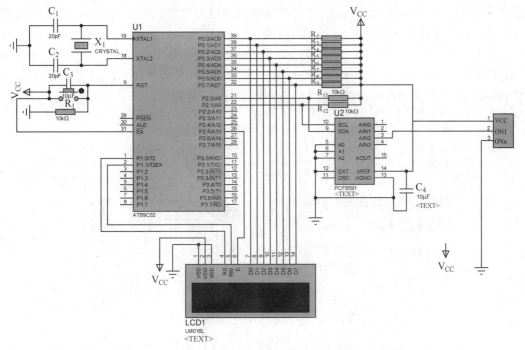

图 4.40 HIH3610 湿度检测系统原理图

本项目主要使用以下器件,包括湿度传感器 HIH3610、AT89C52 单片机最小系统、LCD1602 显示器、直流稳压电源、实验板、电阻等。

2. 实施步骤

(1) 准备好单片机最小系统实验板、湿度传感器 HIH3610。

(2) 将传感器正确安装在单片机最小系统实验板上。

(3) 将编写好的温度测量程序下载到实验板中。此部分可查看附录。

湿度测量部分程序如下:

```
temp = ((float)(ADtemp * 31/51 - 24.8));
TempData[2] = temp/10;
TempData[3] = temp % 10;
```

(4) 下载完成后,单片机实验板上电,液晶显示器 LCD1602 即可显示当前环境湿度。

(5) 改变当前环境湿度,观察液晶显示器上湿度值的变化,并做好记录和分析。

特别提示:

在安装 HIH3610 湿度传感器时,需要注意传感器的正、负极引脚,不能接反;否则将会烧毁传感器。

4.7.4 知识链接

湿度测量在工业生产的诸多领域得到广泛的应用。霍尼韦尔公司生产的集成式湿度传感器 HIH3610 采用集成电路技术,可在集成电路内部完成对信号的调整。由于其具有精度高、线性好、互换性强等诸多优点,因此得到广泛的应用。

由于 HIH3610 内部的两个热化聚合体层之间形成的平板电容器电容量的大小可随湿度的不同发生变化,从而可完成对湿度信号的采集。热化聚合体层同时具有防御污垢、灰尘、油污及其他有害物质的功能。HIH3610 的结构及引脚定义如图 4.41 所示。HIH3610 采用 SIP 封装形式。

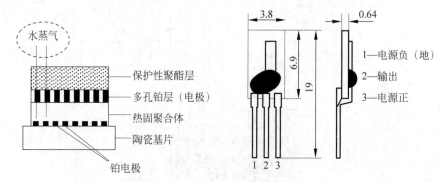

图 4.41　HIH3610 的结构及引脚定义

HIH3610 湿度集成式传感器是一种电容式湿度传感器它与调整电路集成在一起做在陶瓷基片上,在相对湿度 0%～100% 变化时,相应输出 0.8～4V 直流电压(典型值)。该湿度集成式传感器有较高的精度、线性度、重复性及长期稳定性;工作电流很小(5V 工作电压时仅耗电 200μA),适合于便携式湿度仪。生产厂家提供湿度标定数据,使用户在生产湿度仪时免除了再标定的麻烦,并节省标定设备的开支。该湿度集成式传感器有良好的抗化学腐蚀性,质量为 1.5g。

1. HIH3610 湿度传感器的特性

HIH3610 湿度集成式传感器由多孔铂层、热固聚合体(电容介质)及铂电极组成一个敏感湿度的电容器。空气中的水蒸气可以通过多孔铂层进入介质层,使电容量发生变化。经过 C/F 及 F/V 变换电路,将湿度变化造成的电容量的变化转换成电压的变化。保护性聚酯层可阻止尘土、脏物进入,并且能抗化学气体的腐蚀。

HIH3610 湿度传感器的特性如下。

(1) 工作电压范围:4～9V,标定时的工作电压为 5V。

(2) 工作电流:5V 工作电压时为 200μA,9V 时为 2mA。

(3) 输出电压:5V 工作电压时为 0.8～4V(典型值),$U_+=5V;T_a=25℃$。

(4) 精度:±2%RH(0%～100%RH,非凝结)。

(5) 互换性:±5%RH(0%～60%RH),±8%(90%RH)典型值。

(6) 线性度:±0.5%RH(典型值)。

(7) 迟滞:±1.2%RH(全量程)。

(8) 响应时间:慢流动空气中为 30s;在其他工作电压时,输出电压与工作电压成比例。

(9) 工作温度范围:−40～+85℃。

该器件与调整电路集成在一起做在陶瓷基片上,在相对湿度 0%～100%RH 变化时,相

应输出 $0.8 \sim 4\mathrm{V}$ 直流电压(典型值)。

2．HIH3610 湿度传感器的工作原理

HIH3610 湿度传感器为线性电压输出式集成湿度传感器。传感器采用恒压供电,内置放大电路,能输出与相对湿度呈比例关系的伏特级电压信号,响应的速度快。

HIH3610 的输出电压是供电电压、湿度及温度的函数。电源电压升高,输出电压将成比例升高。在实际应用中,通过以下两个步骤可计算出实际的相对湿度值。

(1) 首先根据下述计算公式,计算出 $25℃$ 条件下相对湿度值 RH0。

$$U_{\mathrm{OUT}} = U_{\mathrm{DC}}(0.006\ 2\mathrm{RH0} + 0.16) \tag{4.23}$$

式中,U_{OUT} 为 HIH3610 的电压输出值;U_{DC} 为 HIH3610 的供电电压值;RH0 为 $25℃$ 时的相对湿度值。

(2) 进行温度补偿,计算出当前温度下的实际相对湿度值 RH。

$$\mathrm{RH} = \frac{\mathrm{RH0}}{1.054\ 6 - 0.002\ 16t} \tag{4.24}$$

式中,RH 为实际的相对湿度值;t 为当前的温度值($℃$)。HIH3610 的输出电压与相对湿度的关系曲线如图 4.42 所示。

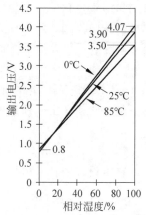

图 4.42　输出电压-湿度关系曲线

阅读材料:HIH3610 湿度传感器标定值的应用

产品出厂时,每个湿度集成传感器有两个已标定的数据:0%RH 的输出电压值;75.3%RH 的输出电压值。由于该传感器有极好的线性度,所以可根据上述两个点画出整个湿度输出特性,如图 4.43 所示。用户在生产湿度仪时可按这两个点的电压对电路进行检测、调整,不必再对湿度进行标定,既省事又省钱。

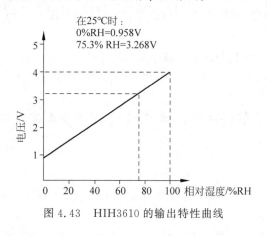

图 4.43　HIH3610 的输出特性曲线

3．HIH3610 湿度传感器的操作流程

由于 HIH3610 湿度传感器采集的信号为湿度信号,输出信号为模拟信号,单片机可以

处理的信号为数字信号,因此需要在整个系统的中加入 A/D 转换模块。在本设计项目中,使用 PCF8591 A/D 转换器,为 8 位的 A/D 转换器,可以由 4 路模拟量输入通道,其 PCF8591 与热敏电阻之间的接线原理如图 4.44 所示。

PCF8591 转换器可以采集电压值,因此需要将 HIH3610 湿度传感器的输出电压值输入到 A/D 转换模块,根据图 4.43,当环境温度为 25℃时,模拟量输入引脚的电压值 U_{AIN2} 与环境湿度之间的关系为

$$U_{\mathrm{AIN2}} = \frac{3\mathrm{RH}}{100} + 1 \qquad (4.25)$$

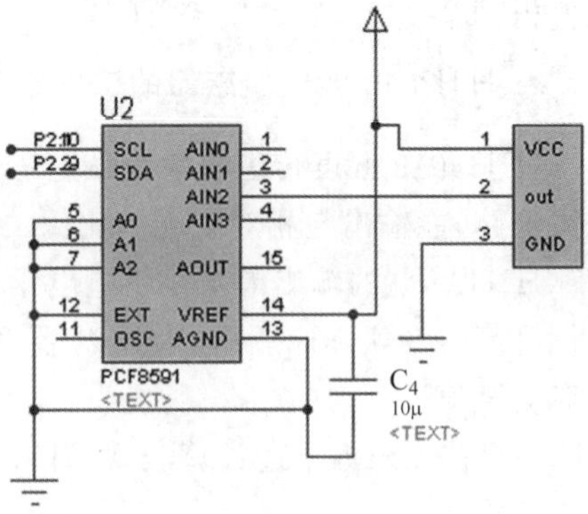

图 4.44　PCF8591 与 HIH3610 之间的接线原理

经过转换得出当前温度下的湿度为

$$\mathrm{RH} = \frac{U_{\mathrm{AIN2}} - 1}{3} \times 100\% \qquad (4.26)$$

在本设计中,5V 电压对应的数字量为 255,将采集的电阻值进行转换的程序为:

```
temp = ((float)(ADtemp * 33/51 – 33));
```

通过此程序,可获取当前湿度值。

4．HIH3610 湿度传感器的应用

HIH3610 湿度传感器是为大批量 OEM 设计,具有湿度仪表级测量性能,低成本,SIP 封装。线性放大电压输出,驱动电流 $200\mu\mathrm{A}$,适合电池供电,器件一致性好。

典型的应用为湿度仪表、电缆充气机、电源设备、实验箱等。

4.7.5　项目总结

通过本项目的学习,应掌握以下知识重点:①理解 HIH3610 湿度传感器的特性;②理解测湿电路的原理。

通过本项目的学习,应掌握以下实践技能:①能正确使用 HIH3610 湿度传感器;②掌握测湿电路的调试方法;③掌握 HIH3610 湿度传感器的测湿方法。

项目 4.8　数字式温湿度传感器 DHT11 在简易湿度计中的应用

4.8.1　项目目标

通过 DHT11 温湿度传感器测量电路的制作和调试,掌握 DHT11 温湿度传感器的特性、电路原理和调试技能。

以 DHT11 温湿度传感器作为检测元件,制作一数字显示温湿度表。

4.8.2　项目方案

设计基于数字温湿度传感器 DHT11 的温湿度检测系统,以 AT89C52 单片机为核心控

制单元,通过对温湿度信息采集与处理,获取当前环境温湿度,并且通过 LCD1602 显示当前温湿度。温湿度检测系统框图如图 4.45 所示。

图 4.45 温湿度检测系统框图

4.8.3 项目实施

1. 电路原理图

此温湿度测量电路采用 AT89C52 单片机作为主控制器,DHT11 作为温湿度传感器。通过单片机的 IO 引脚进行温湿度数据的采集,并进行温湿度的显示。

单片机与温湿度传感器的电源电压均为 5V,通过编写 C 语言程序,采集温湿度信息,并且进行温湿度信息的显示。DHT11 测量电路原理图如图 4.46 所示。

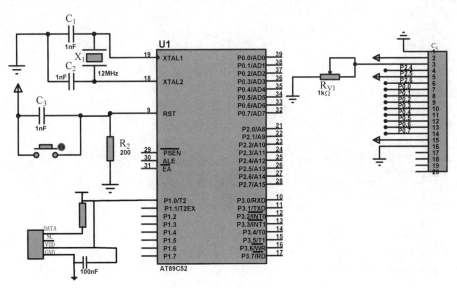

图 4.46 DHT11 测量电路原理

DHT11 温湿度传感器的引脚说明如表 4.12 所示。

表 4.12 DHT11 引脚说明

引 脚 号	名 称	说 明
1	V_{DD}	供电 $3\sim5.5V_{DC}$
2	DATA	串行数据,单总线
3	NC	空脚,请悬空
4	GND	接地,电源负极

本项目主要使用以下器件,即温湿度传感器 DHT11、AT89C52 单片机最小系统、LCD1602 显示器、实验板、电阻等。

2. 实施步骤

(1) 准备好单片机最小系统实验板、温湿度传感器 DHT11。

(2) 将传感器正确安装在单片机最小系统实验板上。

(3) 将编写好的温度测量程序下载到实验板中。此部分可查看附录。

温湿度检测部分程序如下:

```
void start()
{
  io = 1;
  delay1();
  io = 0;
  delay(25);
  io = 1;
  delay1();
  delay1();
  delay1();
}

uchar receive_byte()
{
  uchar i,temp;
  for(i = 0;i < 8;i++)
  {
    while(!io);
    delay1();
    delay1();
    delay1();
    temp = 0;
    if(io == 1)
    temp = 1;
    while(io);
    data_byte << = 1;
    data_byte| = temp;
  }
  return data_byte;
}

void receive()
{
  uchar T_H,T_L,R_H,R_L,check,num_check,i;
  start();
  io = 1;
  if(!io)
  {
    while(!io);
    while(io);
```

```
R_H = receive_byte();                    //湿度高位
R_L = receive_byte();                    //湿度低位
T_H = receive_byte();                    //温度高位
T_L = receive_byte();                    //温度低位
check = receive_byte();                  //校验位
io = 0;
for(i = 0;i < 7;i++)
delay1();
io = 1;
num_check = R_H + R_L + T_H + T_L;
if(num_check == check)
{
   RH = R_H;
   RL = R_L;
   TH = T_H;
   TL = T_L;
   check = num_check;
}
}
}
```

（4）下载完成后，单片机实验板上电，液晶显示器即可显示当前环境温度。

（5）改变当前环境温度，观察液晶显示器上温度值的变化，并做好记录和分析。

4.8.4　知识链接

数字式温湿度传感器就是能把温度物理量和湿度物理量，通过温、湿度敏感元件和相应电路转换成方便计算机、PLC、智能仪表等数据采集设备直接读取的数字量的传感器。

在信息化程度越来越高的今天，担当信息处理与交换重任的机房是整个信息网络工程的数据传输中心、数据处理中心和数据交换中心。为保证机房设备正常运行及工作人员有一个良好的工作环境，对机房温湿度的监测是必不可少的，合理、正常的温湿度环境是机房设备正常运行的重要保障。

DHT11 数字温湿度传感器是一款含有已校准数字信号输出的温湿度复合传感器。它应用专用的数字模块采集技术和温湿度传感技术，确保产品具有极高的可靠性与卓越的长期稳定性。传感器包括一个电阻式感湿元件和一个 NTC 测温元件，并与一个高性能 8 位单片机相连接。因此，该产品具有品质卓越、超快响应、抗干扰能力强、性价比极高等优点。每个 DHT11 传感器都在极为精确的湿度校验室中进行校准。校准系数以程序的形式存储在 OTP 内存中，传感器内部在检测信号的处理过程中要调用这些校准系数。单线制串行接口，使系统集成变得简易快捷。超小的体积、极低的功耗，信号传输距离可达 20m 以上，使其成为各类应用甚至最为苛刻的应用场合的最佳选择。产品为 4 针单排引脚封装。连接方便，特殊封装形式可根据用户需求提供。图 4.47 所示为 DHT11 实物。

图 4.47　DHT11 实物

（1）V$_{DD}$：供电 3.5～5.5V DC。

（2）DATA：串行数据，单总线。

（3）NC：空脚。

（4）GND：接地,电源负极。

1. DHT11 温湿度传感器的特性

（1）可进行相对湿度和温度测量。

（2）全部校准,数字输出。

（3）卓越的长期稳定性。

（4）无须额外部件。

（5）超长的信号传输距离。

（6）超低能耗。

DHT11 在测量湿度方面的性能如表 4.13 所示。

表 4.13　DHT11 传感器湿度性能说明

参　　数	条　　件	Min	Typ	Max	单位
分辨率		1	1	1	％RH
			8		bit
重复性			±1		％RH
精度	25℃		±4		％RH
	0～50℃			±5	％RH
互换性		可完全互换			
量程范围	0℃	30		90	％RH
	25℃	20		90	％RH
	50℃	20		80	％RH
响应时间	1/e(63％)25℃,1m/s 空气	6	10	15	s
迟滞			±1		％RH
长期稳定性	典型值		±1		％RH/yr

DHT11 除了能够测量湿度外,还能够测量当前温度,在测量温度方面的性能如表 4.14 所示。

表 4.14　DHT11 传感器温度性能说明

分辨率		1	1	1	℃
		8	8	8	bit
重复性			±1		℃
精度		±1		±2	℃
量程范围		0		50	℃
响应时间	1/e(63％)	6		30	℃

2. DHT11 传感器工作原理

DHT11 数字温湿度传感器是一款含有已校准数字信号输出的温湿度复合传感器。它应用专用的数字模块采集技术和温湿度传感技术,确保产品具有极高的可靠性与卓越的长期稳定性。传感器包括一个电阻式感湿元件和一个 NTC 测温元件,并与一个高性能 8

位单片机相连接。DHT11 传感器内部结构如图 4.48 所示。

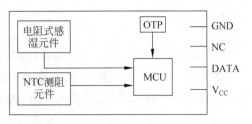

图 4.48　DHT11 内部结构

DHT11 器件采用简化的单总线通信。单总线即只有一根数据线,系统中的数据交换、控制均由单总线完成。设备(主机或从机)通过一个漏极开路或三态端口连至该数据线,以允许设备在不发送数据时能够释放总线,而让其他设备使用总线;单总线通常要求外接一个约 5.1kΩ 的上拉电阻,这样,当总线闲置时,其状态为高电平。由于它们是主从结构,只有主机呼叫从机时,从机才能应答,因此主机访问器件都必须严格遵循单总线序列,如果出现序列混乱,器件将不响应主机。

DATA 用于微处理器与 DHT11 之间的通信和同步,采用单总线数据格式,一次传送 40 位数据,高位先出。

数据格式:8 位湿度整数数据＋8 位湿度小数数据＋8 位温度整数数据＋8 位温度小数数据＋8 位校验位。

校验位数据定义:"8 位湿度整数数据＋8 位湿度小数数据＋8 位温度整数数据＋8 位温度小数数据"8 位校验位等于所得结果的末 8 位。

例 1:接收到的 40 位数据为:

00110101	00000000	00011000	00000000	01001101
湿度高 8 位	湿度低 8 位	温度高 8 位	温度低 8 位	校验位

计算:

00110101＋00000000＋00011000＋00000000＝01001101 接收数据正确:

湿度:00110101＝35H＝53％RH

温度:00011000＝18H＝24℃

例 2:接收到的 40 位数据为:

00110101	00000000	00011000	00000000	01001001
湿度高 8 位	湿度低 8 位	温度高 8 位	温度低 8 位	校验位

计算:

00110101＋00000000＋00011000＋00000000＝01001101,01001101≠01001001

本次接收的数据不正确,放弃,重新接收数据。

---

3. DHT11 温湿度传感器的控制流程

DHT11 传感器与单片机之间通信通过以下几个步骤完成。

(1) DHT11 上电后(DHT11 上电后要等待 1s,以越过不稳定状态在此期间不能发送任何指令),测试环境温湿度数据,并记录数据,同时 DHT11 的 DATA 数据线由上拉电阻拉高一直保持高电平;此时 DHT11 的 DATA 引脚处于输入状态,时刻检测外部信号。

此过程在 void start()的函数下,程序语句如下:

```
io = 1;
delay1();
```

(2) 微处理器的 I/O 设置为输出，同时输出低电平，且低电平保持时间不能小于 18ms，然后微处理器的 I/O 设置为输入状态，由于上拉电阻，微处理器的 I/O，即 DHT11 的 DATA 数据线也随之变高，等待 DHT11 发出回答信号。程序语句如下：

```
io = 0;
delay(25);
```

主机把总线拉低必须大于 18ms，以保证 DHT11 能检测到起始信号。

```
io = 1;
```

发送开始信号结束后，拉高电平延时 20～40μs。

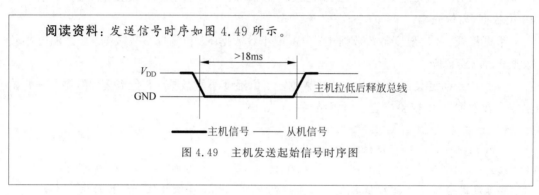

阅读资料：发送信号时序如图 4.49 所示。

图 4.49   主机发送起始信号时序图

(3) DHT11 的 DATA 引脚检测到外部信号有低电平时，等待外部信号低电平结束，延时后，DHT11 的 DATA 引脚处于输出状态，输出 80μs 的低电平作为应答信号，紧接着输出 80μs 的高电平通知外设准备接收数据，微处理器的 I/O 此时处于输入状态，检测到 I/O 有低电平(DHT11 回应信号)后，等待 80μs 的高电平后的数据接收。程序语句如下：

```
while(!io);
```

此语句的作用是判断从机发出 80μs 的低电平响应信号是否结束。

```
while(io);
```

判断从机发出 80μs 的高电平是否结束，如结束则主机进入数据接收状态。

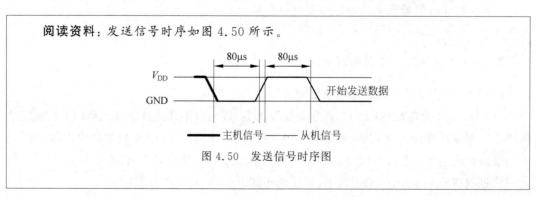

阅读资料：发送信号时序如图 4.50 所示。

图 4.50   发送信号时序图

（4）由 DHT11 的 DATA 引脚输出 40 位数据，微处理器根据 I/O 电平的变化接收 40 位数据。

① 位数据"0"的格式为：$50\mu s$ 的低电平和 $26\sim28\mu s$ 的高电平。程序语句如下：

```
while(!io);
```

此语句作用是等待 $50\mu s$ 的低电平开始信号结束。

```
delay1();delay1();delay1();
```

开始信号结束后，3 个延时函数的延时 $26\sim28\mu s$。

```
temp = 0;
```

此时接收的数据为低电平。

② 位数据"1"的格式为：$50\mu s$ 的低电平加 $70\mu s$ 的高电平。程序语句如下：

```
if(io == 1)
temp = 1;
```

此语句作用为：如果 $26\sim28\mu s$ 之后还为高电平，则表示接收的数据为"1"。

```
while(io);
```

此语句为等待数据信号为高电平。

③ 数据处理。接收到数据之后，将 IO 接口获得的位数据左移，并复制给 data_byte 变量，即可获取当前的温度值和湿度值。程序语句如下：

```
data_byte << = 1;
data_byte| = temp;
```

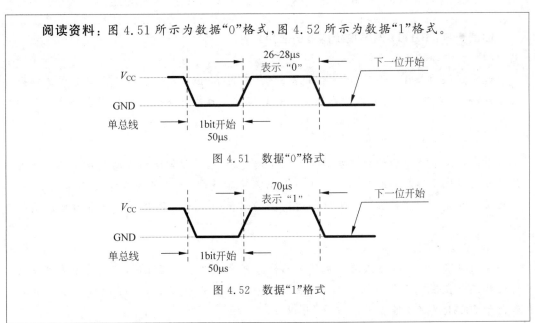

阅读资料：图 4.51 所示为数据"0"格式，图 4.52 所示为数据"1"格式。

图 4.51　数据"0"格式

图 4.52　数据"1"格式

（5）结束信号：DHT11 的 DATA 引脚输出 40 位数据后，继续输出低电平 $50\mu s$ 后转为输入状态，由于上拉电阻随之变为高电平。但 DHT11 内部重测环境温湿度数据，并记录数据,等待外部信号的到来。

程序语句如下:

```
io = 0;
for(i = 0;i < 7;i++)
delay1();
```

此语句的作用为:当最后一位数据接收完毕后,从机拉低电平 $50\mu s$。

```
io = 1;
```

总线由上拉电阻拉高,进入空闲状态。

判断读到的 4 个数据之和是否与校验位相同。当与校验位相同时,则认为采集的数据是正确的,即可输出当前采集的温度与湿度值。程序语句如下:

```
num_check = R_H + R_L + T_H + T_L;
if(num_check == check)
{
  RH = R_H;
  RL = R_L;
  TH = T_H;
  TL = T_L;
  check = num_check;}
```

4. DHT11 温湿度传感器的应用

DHT11 温湿度传感器应用领域较为广泛,如暖通空调、测试及检测设备、汽车、数据记录器、消费品、自动控制、气象站、家电、湿度调节器、医疗及除湿器等领域。

阅读资料:DHT11 温湿度传感器的应用条件

(1) 工作与储存条件。

超出建议的工作范围可能导致高达 3%RH 的临时性漂移信号。返回正常工作条件后,传感器会缓慢地向校准状态恢复。在非正常工作条件下长时间使用会加速产品的老化过程。

(2) 暴露在化学物质中。

电阻式湿度传感器的感应层会受到化学蒸气的干扰,化学物质在感应层中的扩散可能导致测量值漂移和灵敏度下降。在一个纯净的环境中,污染物质会缓慢地释放出去。下文所述的恢复处理将加速实现这一过程。高浓度的化学污染会导致传感器感应层的彻底损坏。

(3) 恢复处理。

置于极限工作条件下或化学蒸气中的传感器通过以下处理程序,可使其恢复到校准时的状态。在 50~60℃和小于 10%RH 的湿度条件下保持 2h(烘干);随后在 20~30℃和大于 70%RH 的湿度条件下保持 5h 以上。

(4) 温度影响。

气体的相对湿度,在很大程度上依赖于温度。因此,在测量湿度时,应尽可能保证湿

度传感器在同一温度下工作。如果与释放热量的电子元件共用一个印制线路板,在安装时应尽可能将 DHT11 远离电子元件,并安装在热源下方,同时保持外壳的良好通风。为降低热传导,DHT11 与印制电路板其他部分的铜镀层应尽可能最小,并在两者之间留出一道缝隙。

4.8.5　项目总结

通过本项目的学习,应掌握以下知识重点:①理解 DHT11 温湿度传感器的特性;②理解温湿度测量电路的原理。

通过本项目的学习,应掌握以下实践技能:①能正确使用 DHT11 温湿度传感器;②掌握温湿度测量电路的调试方法;③掌握 DHT11 温湿度传感器的测量方法。

项目 4.9　光敏电阻在光照检测电路中的应用

4.9.1　项目目标

通过光敏电阻传感器光照检测电路的制作和调试,掌握光敏电阻传感器的特性、电路原理和调试技能。

以光敏电阻传感器作为检测元件,制作一光照检测电路,实现当前环境的照度检测。

4.9.2　项目方案

设计基于光敏电阻传感器的光照检测系统,以 AT89C52 单片机为核心控制单元,通过对光照度信息的采集与处理,获取当前环境照度信息,并且通过 LCD1602 显示当前照度。光照度检测系统框图如图 4.53 所示。

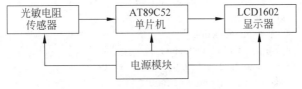

图 4.53　光照度检测系统框图

4.9.3　项目实施

1. 电路原理图

此光照度测量电路采用 AT89C52 单片机作为主控制器,光敏电阻作为光照度传感器。通过单片机的 IO 引脚进行光照度数据的采集,并进行光照度的显示。

单片机的电源电压均为 5V,通过编写 C 语言程序,采集光照度信息,并且进行光照度信息的显示。光敏电阻构成的光照度检测电路原理如图 4.54 所示。

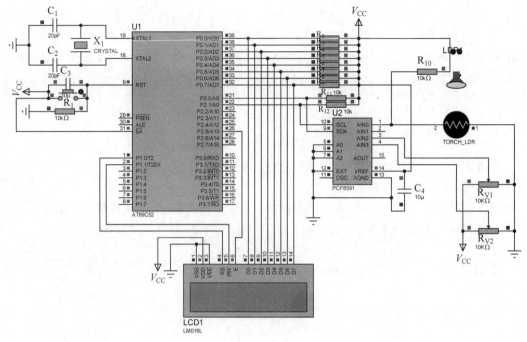

图 4.54　光照度检测电路原理

本项目主要使用以下器件,即光敏电阻传感器、AT89C52 单片机最小系统、LCD1602 显示器、实验板、电阻等。

2．实施步骤

（1）准备好单片机最小系统实验板、光敏电阻传感器。

（2）将传感器正确安装在单片机最小系统实验板上。

（3）将编写好的照度测量程序下载到实验板中。此部分可查看附录。

```
PCF8591_SendByte(AddWr,0);
        D[0] = PCF8591_RcvByte(AddWr);
            g_Light = -39 * D[0] + 10000;
            LCD_Write_Char(3,0,g_Light / 10000 + '0');
        LCD_Write_Char(4,0,g_Light % 10000 / 1000 + '0');
        LCD_Write_Char(5,0,g_Light % 1000 / 100 + '0');
        LCD_Write_Char(6,0,g_Light % 100 / 10 + '0');
        LCD_Write_Char(7,0,g_Light % 10 + '0');
LCD_Write_String(1,1,"lux");
```

（4）下载完成后,单片机实验板上电,液晶显示器即可显示当前环境光照度。

（5）改变当前环境照度,观察液晶显示器上照度值的变化,并做好记录和分析。

4.9.4　知识链接

光敏电阻具有很高的灵敏度、很好的光谱特性,光谱响应可从紫外区到红外区范围内,而且体积小、重量轻、性能稳定、价格便宜,因此应用比较广泛。但因其具有一定的非线性,所以光敏电阻常用于光电开关实现光电控制。

1．光敏电阻的基本特性

（1）伏安特性。

在一定照度下，流过光敏电阻的电流与光敏电阻两端电压的关系称为光敏电阻的伏安特性。以硫化镉为例的光敏电阻的伏安特性曲线如图 4.55 所示。

由图 4.55 可见，光敏电阻在一定的电压范围内，其 I/U 曲线为直线，说明其阻值与入射光量有关，而与电压、电流无关。

（2）光谱特性。

光敏电阻的相对光灵敏度与入射波长的关系称为光谱特性，也称为光谱响应。对应于不同波长，光敏电阻的灵敏度是不同的。光敏电阻的光谱特性曲线如图 4.56 所示。

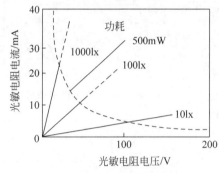

图 4.55　光敏电阻的伏安特性曲线

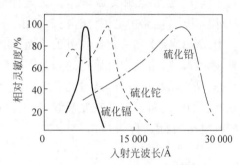

图 4.56　光敏电阻的光谱特性曲线

（3）光照特性。

光敏电阻的光照特性是光敏电阻的光电流与光强之间的关系，光敏电阻的光照特性曲线如图 4.57 所示。

由于光敏电阻的光照特性呈非线性，因此不宜作为测量元件，一般在自动控制系统中常用作开关式光电信号传感元件。

（4）温度特性。

光敏电阻受温度的影响较大。当温度升高时，它的暗电阻和灵敏度都下降。温度变化影响光敏电阻的光谱响应，尤其是响应于红外区的硫化铅光敏电阻受温度影响更大。以硫化铅为例的光敏电阻的温度特性曲线如图 4.58 所示。

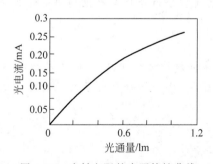

图 4.57　光敏电阻的光照特性曲线

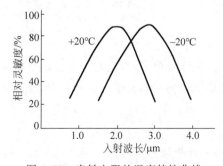

图 4.58　光敏电阻的温度特性曲线

(5) 光敏电阻的响应时间和频率特性。

光电流的变化对于光的变化,在时间上有一个滞后,通常用时间常数 t 来描述,这叫作光电导的弛豫现象。所谓时间常数即为光敏电阻自停止光照起到电流下降到原来的 63% 所需的时间。因此,t 越小,响应越迅速,但大多数光敏电阻的时间常数都较大,这是它的缺点之一。

2. 光敏电阻的结构与工作原理

光敏电阻又称光导管,是内光电效应器件,它几乎都是用半导体材料制成的光电器件。光敏电阻器以硫化镉制成,所以简称为 CDS。

光敏电阻没有极性,纯粹是一个电阻器件,使用时既可加直流电压,也可以加交流电压。无光照时,光敏电阻值(暗电阻)很大,电路中电流(暗电流)很小。

当光敏电阻受到一定波长范围的光照时,它的阻值(亮电阻)急剧减少,电路中电流迅速增大。一般希望暗电阻越大越好,亮电阻越小越好,此时光敏电阻的灵敏度高。实际光敏电阻的暗电阻值一般在兆欧级,亮电阻在几千欧以下。光敏电阻结构如图 4.59 所示。

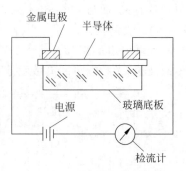

图 4.59 光敏电阻结构

阅读资料:

光电器件是构成光电式传感器最主要的部件。光电式传感器的工作原理框图如图 4.60 所示。

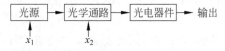

图 4.60 光电式传感器的工作原理框图

首先把被测量的变化转换成光信号的变化,然后通过光电转换元件变换成电信号。图中 x_1 表示被测量能直接引起光量变化的检测方式;x_2 表示被测量在光传播过程中调制光量的检测方式。

光电器件工作的物理基础是光电效应。光电效应分为外光电效应和内光电效应两大类。

(1) 外光电效应。

在光线作用下,能使电子逸出物体表面的现象称为外光电效应,如光电管、光电倍增管就属于这类光电器件。众所周知,光子是具有能量的粒子,每个光子具有的能量由下式确定,即

$$E = h\nu \tag{4.27}$$

式中,h 为普朗克常数,6.626×10^{-34}(J·s);ν 为光的频率(s^{-1})。

若物体中电子吸收的入射光的能量足以克服逸出功 A_0 时,电子就逸出物体表面,

产生电子发射。故要使一个电子逸出,则光子能量 $h\nu$ 必须超出逸出功 A_0,超过部分的能量,表现为逸出电子的动能,即

$$h\nu = \frac{1}{2}mv_0^2 + A_0 \tag{4.28}$$

式中,m 为电子质量;v_0 为电子逸出速度。

该方程称为爱因斯坦光电效应方程。

由该式(4.27)可知,光电子能否产生,取决于光子的能量是否大于该物体的表面电子逸出功 A_0;不同物体具有不同的逸出功,这意味着每一个物体都有一个对应的光频阈值,称为红限频率或波长限;是否产生光电效应不取决于光强的大小,而是取决于单色光的频率;当 $v > v_0$ 时,光强越强,发射的光电子数目越多,光电流越大;电子吸收能量不需时间积累,瞬间产生光电流;即使不加初始阳极电压,也会有光电流产生,为使光电流为零,必须加负的截止电压。

(2)内光电效应。

受光照的物体电导率发生变化,或产生光生电动势的效应叫内光电效应。内光电效应又可分为以下两大类。

① 光电导效应。在光线作用下,电子吸收光子能量从键合状态过渡到自由状态,而引起材料电阻率变化,这种效应称为光电导效应。基于这种效应的器件有光敏电阻等。当光照射到光电导体上时,若这个光电导体为本征半导体材料,而且光辐射能量又足够强,光电导材料价带上的电子将被激发到导带上去,电子能级示意图如图4.61所示。

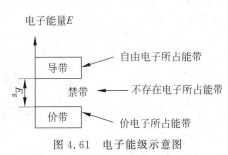

图 4.61　电子能级示意图

② 光生伏特效应。在光线作用下能够使物体产生一定方向电动势的现象。基于该效应的器件有光电池和光敏晶体管等。

3. 光敏电阻的操作流程

由于光敏电阻传感器采集的信号为光照度信号,输出信号为模拟信号,单片机可以处理的信号为数字信号,因此需要在整个系统中加入 A/D 转换模块,在本设计项目中,使用 PCF8591 A/D 转换器,为 8 位的 A/D 转换器,可以由 4 路模拟量输入通道,其 PCF8591 与光敏电阻之间的接线原理如图 4.62 所示。

其中 TORCH LDR 为光敏电阻。R_{10} 为模拟量输入的上拉电阻,阻值为 $10k\Omega$,PCF8591 转换器可以采集电压值,因此需要将热敏电阻的输出电阻值转换为电压值,根据电路原理图,模拟量输入引脚的电压值 U_{AIN0} 与光敏电阻 R_c 之间的关系为

$$U_{AIN0} = \frac{5R_c}{10 + R_c} \tag{4.29}$$

经过转换得出当前温度下的热敏电阻值为

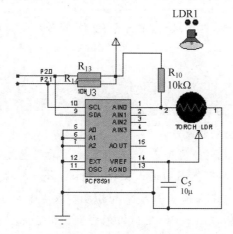

图 4.62　PCF8591 与光敏电阻之间的接线原理

$$R_c = \frac{10U_{AIN0}}{5 - U_{AIN0}} \quad (\text{k}\Omega) \tag{4.30}$$

光敏电阻计算公式粗算见式(4.31)。

当 A/D 转换器的数字量值为 x，x 的取值范围为 $0\sim255$，光照度值为 y，y 的取值范围为 $0\sim10\,000$，有

$$y = -\frac{10\,000}{255x} + 10\,000 \tag{4.31}$$

化简得

$$y = -39x + 10\,000 \tag{4.32}$$

在本设计中，将采集的电阻值进行转换的程序为：

```
g_Light = -39 * D[0] + 10000;
```

通过此程序，可获取当前环境的光照度。

阅读资料：外形及符号

光敏电阻是基于内光电效应的光敏传感器，当光照射时，其电阻值降低；光照越强，阻值越小。其暗电阻一般在 $1\text{M}\Omega$ 以上，其亮电阻(当光照为 10lx 时)一般为几千到几百千。光敏电阻一般是将半导体材料粉末烧结在陶瓷衬底上，形成一层膜，用两根引线引出。也可用防潮材料或玻璃外壳将其密封，以防止其受潮。光敏电阻可分为紫外光、红外光和可见光。光敏电阻及应用电路如图 4.63 所示。

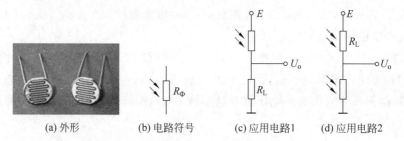

(a) 外形　　　　(b) 电路符号　　　(c) 应用电路1　　(d) 应用电路2

图 4.63　光敏电阻及应用电路

光敏电阻制造技术成熟,生产厂家众多,光敏电阻主要技术参数如表 4.15 所示。

表 4.15　光敏电阻主要技术参数

规格	型号	最大电压/V DC	最大功耗/mW	环境温度/℃	光谱峰值/nm	亮电阻(10lx)/kΩ	暗电阻/MΩ	响应时间/s 上升	响应时间/s 下降
Φ3 系列	GL3516	100	50	−30～+70	540	5.10	0.6	30	30
	GL3526	100	50	−30～+70	540	10.20	1	30	30
	GL3537.1	100	50	−30～+70	540	20.30	2	30	30
	GL3537.2	100	50	−30～+70	540	30.50	3	30	30
	GL3547.1	100	50	−30～+70	540	50.100	5	30	30
	GL3547.2	100	50	−30～+70	540	100.200	10	30	30
Φ4 系列	GL4516	150	50	−30～+70	540	5.10	0.6	30	30
	GL4526	150	50	−30～+70	540	10.20	1	30	30
	GL4537.1	150	50	−30～+70	540	20.30	2	30	30
	GL4527.2	150	50	−30～+70	540	30.50	3	30	30
	GL4548.1	150	50	−30～+70	540	50.100	5	30	30
	GL4548.2	150	50	−30～+70	540	100.200	10	30	30
Φ5 系列	GL5516	150	90	−30～+70	540	5.10	0.5	30	30
	GL5528	150	100	−30～+70	540	10.20	1	20	30
	GL5537.1	150	100	−30～+70	540	20.30	2	20	30
	GL5537.2	150	100	−30～+70	540	30.50	3	20	30
	GL5539	150	100	−30～+70	540	50.100	5	20	30
	GL5549	150	100	−30～+70	540	100.200	10	20	30
	GL5606	150	100	−30～+70	560	4.7	0.5	30	30
	GL5616	150	100	−30～+70	560	5.10	0.8	30	30
	GL5626	150	100	−30～+70	560	10.20	2	20	30
	GL5637.1	150	100	−30～+70	560	20.30	3	20	30
	GL5637.2	150	100	−30～+70	560	30.50	4	20	30
	GL5639	150	100	−30～+70	560	50.100	8	20	30
	GL5649	150	100	−30～+70	560	100.200	15	20	30
Φ7 系列	GL7516	150	100	−30～+70	540	5.10	0.5	30	30
	GL7528	150	100	−30～+70	540	10.20	1	30	30
	GL7537.1	150	150	−30～+70	560	20.30	2	30	30
	GL7537.2	150	150	−30～+70	560	30.50	4	30	30
	GL7539	150	150	−30～+70	560	50.100	8	30	30
Φ10 系列	GL10516	200	150	−30～+70	560	5.10	1	30	30
	GL10528	200	150	−30～+70	560	10.20	2	30	30
	GL10537.1	200	150	−30～+70	560	20.30	3	30	30
	GL10537.2	200	150	−30～+70	560	30.50	5	30	30
	GL10539	250	200	−30～+70	560	50.100	8	30	30
Φ12 系列	GL12516	250	200	−30～+70	560	5.10	1	30	30
	GL12528	250	200	−30～+70	560	10.20	2	30	30
	GL12537.1	250	200	−30～+70	560	20.30	3	30	30
	GL12537.2	250	200	−30～+70	560	30.50	5	30	30
	GL12539	250	200	−30～+70	560	50.100	8	30	30
Φ20 系列	GL20516	500	500	−30～+70	560	5.10	1	30	30
	GL20528	500	500	−30～+70	560	10.20	2	30	30
	GL20537.1	500	500	−30～+70	560	20.30	3	30	30
	GL20537.2	500	500	−30～+70	560	30.50	5	30	30
	GL20539	500	500	−30～+70	560	50.100	8	30	30

4．光敏电阻传感器的应用

光敏电阻属半导体光敏器件,除具灵敏度高、反应速度快、光谱特性及 r 值一性好等特点外,在高温、多湿的恶劣环境下还能保持高度的稳定性和可靠性。

可广泛应用于照相机、太阳能、庭院灯、草坪灯、验钞机、石英钟、音乐杯、礼品盒、迷你小夜灯、光声控开关、路灯自动开关以及各种光控玩具、光控灯饰、灯具等光自动开关控制领域。

4.9.5 项目总结

通过本项目的学习,应掌握以下知识重点:①理解光敏电阻传感器的特性;②理解测光照度电路的原理。

通过本项目的学习,应掌握以下实践技能:①能正确使用光敏电阻传感器;②掌握光照度电路的调试方法;③掌握光敏电阻传感器的测量光照度方法。

项目 4.10 光敏二极管在光控电路中的应用

4.10.1 项目目标

利用光敏二极管设计一简易光控电路器,白天灯熄,晚上灯亮。通过光控电路的设计与制作,了解光敏二极管的特性、构成、工作原理,掌握其应用电路。

4.10.2 项目方案

很多场合需要根据当时的光照情况来实现不同控制,完成不同工作。在光控电路中,除了使用光敏电阻外,也可以利用光敏二极管、光敏三极管来实现。

本项目利用光敏二极管设计一个简单的控制电路,实现路灯的自动控制,从而对光敏二极管、光敏三极管的控制电路有一个基本的了解。

光敏二极管与光敏三极管在应用上,除了光电流不同外,其应用电路的形式基本相同,不管是光敏二极管还是光敏三极管,都是将光转换成电流,所以其检测电路就是将该光电流转换成电压,由该电压控制相应的控制电路,来实现某些自动控制。国产光敏二极管的主要技术参数表如表 4.16 所示。

表 4.16 国产光敏二极管的主要技术参数表

参数 型号	最高反向 电压/V	暗电流/μA	光电流/μA	光灵敏度/ μA·μW^{-1}	结电容/pF
2CU1A	10				
2CU1B	20				
2CU1C	30	≤0.2	≥80	≥0.4	≤5.0
2CU1D	40				
2CU2A	10				
2CU2B	20				
2CU2C	30	≤0.1	≥30	≥0.4	≤3.0
2CU2D	40				

续表

参数 型号	最高反向电压/V	暗电流/μA	光电流/μA	光灵敏度/μA·μW^{-1}	结电容/pF
2CU5A	10				
2CU5B	30		≥10		≤3.0
2CU5C	50				
2CU79		≤1×10²			
2CU79A	30	≤1×10³	≥2.0	≥0.4	≤30
2CU79B		≤1×10⁴			
2CU80		≤5×10²			
2CU80A	30	≤5×10³	≥3.5	0.45	≤30
2CU80B		≤5×10⁴			

注：测试条件 2 856K 钨丝，照度为 1 000lx。

国产光敏三极管的主要技术参数如表 4.17 所示。

表 4.17　国产光敏三极管的主要技术参数

参数 型号	反向击穿电压 U_{CE}/V	最高工作电压 U_{RM}/V	暗电流 I_D/μA	光电流 I_L/mA	峰值波长 λ_P/Å	最大功耗 P_M/mW	开关时间/μs t_r	t_d	t_t	t_s	环境温度/℃
3DU11	≥15	≥10				30					
3DU12	≥45	≥30		0.5.1		50					
3DU13	≥75	≥50				100					
3DU21	≥15	≥10				30					
3DU22	≥45	≥30	≤0.3	1.2		50					−40～125
3DU23	≥75	≥50				100					
3DU31	≥15	≥10				30					
3DU32	≥45	≥30		>2.0		50					
3DU33	≥75	≥50			8 800	100	≤3	≤2	≤3	≤1	
3DU51A	≥15	≥10		≥0.3							
3DU51	≥15	≥10									
3DU52	≥45	≥30	≤0.2	≥0.5		30					−55～125
3DU53	≥75	≥50									
3DU54	≥45	≥30		≥1.0							
3DU011	≥15	≥10				30					
3DU012	≥45	≥30	≤0.3	0.05.0.1		50					−40～125
3DU013	≥75	≥50				100					

注：1. 暗电流 I_D：在无光照的情况下，集电极与发射极间的电压为规定值时，流过集电极的反向漏电流称为光敏三极管的暗电流。

2. 光电流 I_L：在规定光照下，当施加规定的工作电压时，流过光敏三极管的电流称为光电流，光电流越大，说明光敏三极管的灵敏度越高。

3. 集电极-发射极击穿电压 U_{CE}：在无光照下，集电极电流 I_c 为规定值时，集电极与发射极之间的电压降称为集电极-发射极击穿电压。

4. 最高工作电压 U_{RM}：在无光照下，集电极电流 I_c 为规定的允许值时，集电极与发射极之间的电压降称为最高工作电压。

5. 最大功率 P_M：最大功率指光敏三极管在规定条件下能承受的最大功率。

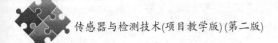

由表 4.16 和表 4.17 也可以看出,相同光照条件下,光敏三极管的光电流比光敏二极管的光电流要大得多,而价格又相差不多。所以,在实际应用中,尽可能地选用光敏三极管。

4.10.3 项目实施

1. 电路原理

光控电路原理如图 4.64 所示。

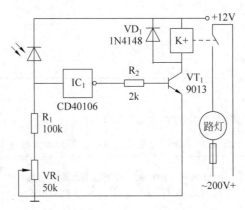

图 4.64 光控电路原理

图中,VD_1 为光敏二极管,也可用光敏三极管作为感光元件,将光信号转换成电信号。IC_1 为 CD40106,起到整形的作用,同时也可提高抗干扰的能力;VT_1 为驱动三极管,实现对继电器的控制。光线较暗时,VD_1 产生的光电流很小,经 R_1 和 VR_1 电阻后,产生的电压比较小(小于 3V),此时,IC_1 输出高电平(4.9V),VT_1 导通,继电器 K 得电,常开触点闭合,被控电器得电工作;当光线逐渐增强时,VD_1 中光电流逐渐增大,当 IC_1 输入电压超过 3V时,其输出电压变为低电平(0.1V),VT_1 截止,继电器 K 失电,常开触点断开,被控电器失电停止工作。

图 4.64 中 VR_1 为灵敏度调节电阻,调节 VR_1 可以调节起控亮度。

2. 所需材料及设备

其包括光敏二极管、三极管、直流稳压电源、实验板、电阻等。

3. 电路制作

① 根据电路选择合适的元器件。
② 制作电路板并焊接电路,也可用万能板搭建。

4. 电路调试

电路制作完成后,调节 VD_1 的光线,看被控电器是否按设计要求工作;并可适当调节 VR_1,改变电路的起控点,以便达到控制的要求。

思考题:为什么调节 VR_1 可以调节起控点呢?

光敏二极管为控制器的感光部分,因此安装时要能顺利感受到光照的变化,并要防止干扰而产生误动作,如树叶或其他物体的遮挡而导致传感器感受不到光的变化。

4.10.4　知识链接

1. 结构原理

光敏二极管的结构与一般二极管相似,其结构原理如图 4.65 所示。

它装在透明玻璃外壳中,其 PN 结装在管的顶部,可以直接受到光照射。光敏二极管在电路中一般是处于反向工作状态,在没有光照射时,反向电阻很大,反向电流很小,该反向电流称为暗电流。

NPN 型光敏晶体管的结构简图和基本电路如图 4.66 所示。为大多数光敏晶体管的基极,无引出线,当集电极加上相对于发射极为正的电压而不接基极时,集电结就是反向偏压;当光照射在集电结上时,就会在结附近产生电子-空穴对,从而形成光电流,相当于三极管的基极电流。由于基极电流的增加,因此集电极电流是光生电流的 β 倍,所以光敏晶体管有放大作用。

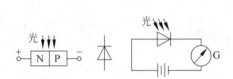

图 4.65　光敏二极管的结构原理

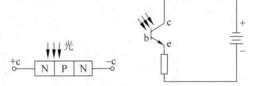

图 4.66　NPN 型光敏晶体管结构简图和基本电路

光敏三极管可以看成普通三极管的集电结用光敏二极管替代的结果。通常基极不引出,只有 e 和 c 两个电极。

光电二极管与光电三极管外壳形状基本相同。其判定方法如下:遮住窗口,选用万用表 $R \times 1k\Omega$ 挡,测两管脚引线间正、反向电阻,均为无穷大的为光敏三极管。

2. 基本特性

(1) 光谱特性。

晶体管的光谱特性曲线如图 4.67 所示。从曲线可以看出,硅的峰值波长约为 $0.9\mu m$,锗的峰值波长约为 $1.5\mu m$,此特性时灵敏度最大。而当入射光的波长增加或缩短时,相对灵敏度也下降。一般来讲,锗管的暗电流较大,因此性能较差,故在可见光或探测赤热状态物体时,一般都用硅管。但对红外光进行探测时,锗管较为适宜。

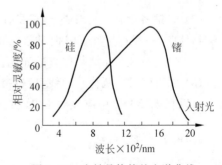

图 4.67　光敏晶体管的光谱曲线

(2) 伏安特性。

硅光敏管伏安特性曲线如图 4.68 所示。从图中可见,光敏晶体管的光电流比相同管型的二极管大上百倍。

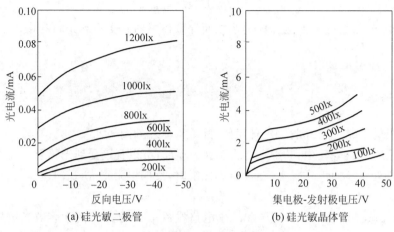

图 4.68　硅光敏管的伏安特性曲线

（3）温度特性。

光敏晶体管的温度特性是指其暗电流及光电流与温度的关系。光敏晶体管的温度特性曲线如图 4.69 所示。

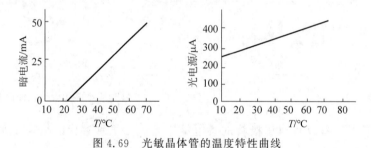

图 4.69　光敏晶体管的温度特性曲线

从特性曲线可以看出,温度变化对光电流影响很小,而对暗电流影响很大。所以,在电子线路中应该对暗电流进行温度补偿;否则将会导致输出误差。

例如,光敏二极管的特性及含义。

答:

（1）光谱特性:一般来讲,锗管的暗电流较大,因此性能较差,故在可见光或探测赤热状态物体时,一般都用硅管。但对红外光进行探测时,锗管较为适宜。

（2）伏安特性:光敏晶体管的光电流比相同管型的二极管大上百倍。

（3）温度特性:从特性曲线可以看出,温度变化对光电流影响很小,而对暗电流影响很大。所以在电子线路中应该对暗电流进行温度补偿;否则将会导致输出误差。

4.10.5　项目总结

通过本项目的学习,应掌握以下知识重点:①光敏二极管、三极管的的工作原理;②光敏二极管、三极管的应用电路。

通过本项目的学习,应掌握以下实践技能:①能正确选用各种光敏传感器;②能设计制作简单的光敏传感器应用电路;③会调试光敏传感器应用电路。

项目4.11　光强度传感器在光强度测量中的应用

4.11.1　项目目标

通过BH1750光强度传感器测量电路的制作和调试,掌握BH1750光强度传感器的特性、电路原理和调试技能。

以BH1750光强度传感器作为检测元件,制作一数字显示光强度表。

4.11.2　项目方案

设计基于数字光强度传感器BH1750的检测系统,以AT89C52单片机为核心控制单元,通过对光强度信息采集与处理,获取当前环境光强度,并且通过LCD1602显示当前光强度。光强度检测系统框图如图4.70所示。

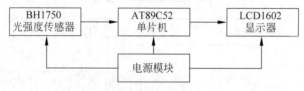

图4.70　光强度检测系统框图

4.11.3　项目实施

1. 电路原理图

此光强度测量电路采用AT89C52单片机作为主控制器,BH1750作为光强度传感器。通过单片机的IO引脚进行光强度数据的采集,并进行光强度的显示。

单片机与光强度传感器的电源电压均为5V,通过编写C语言程序,采集光强度信息,并且进行光强度信息的显示。BH1750光强度测量电路原理如图4.71所示。

本项目主要使用以下器件,即光强度传感器BH1750、AT89C52单片机最小系统、LCD1602显示器、实验板、电阻等。

2. 实施步骤

(1)准备好单片机最小系统实验板、光强度传感器BH1750。

(2)将传感器正确安装在单片机最小系统实验板上。

(3)将编写好的光强度测量程序下载到实验板中。此部分可查看附录。

```
void BH1750_Start()
{
    SDA = 1;
    SCL = 1;
    Delay5us();
    SDA = 0;
```

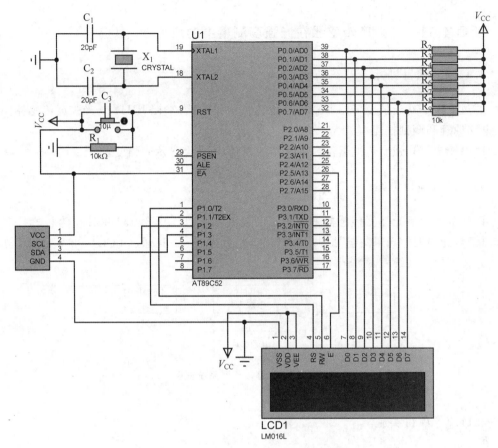

图 4.71　BH1750 光照度测量电路原理

```
    Delay5us();
    SCL = 0;
}
void BH1750_Stop()
{
    SDA = 0;
    SCL = 1;
    Delay5us();
    SDA = 1;
    Delay5us();
}
void BH1750_SendACK(bit ack)
{
    SDA = ack;
    SCL = 1;
    Delay5us();
    SCL = 0;
    Delay5us();
}

bit BH1750_RecvACK()
```

```
{
    SCL = 1;
    Delay5us();
    CY = SDA;
    SCL = 0;
    Delay5us();

    return CY;
}
void BH1750_SendByte(BYTE dat)
{
    BYTE i;

    for (i = 0; i < 8; i++)
    {
        dat <<= 1;
        SDA = CY;
        SCL = 1;
        Delay5us();
        SCL = 0;
    Delay5us();
    }
    BH1750_RecvACK();
}
BYTE BH1750_RecvByte()
{
    BYTE i;
    BYTE dat = 0;

    SDA = 1;
    for (i = 0; i < 8; i++)
    {
        dat <<= 1;
        SCL = 1;
        Delay5us();
        dat |= SDA;
        SCL = 0;
        Delay5us();
    }
    return dat;
}

void Single_Write_BH1750(uchar REG_Address)
{
    BH1750_Start();
    BH1750_SendByte(SlaveAddress);
    BH1750_SendByte(REG_Address);
 //  BH1750_SendByte(REG_data);
    BH1750_Stop();
}
```

(4) 下载完成后,单片机实验板上电,液晶显示器即可显示当前环境光强度。

(5) 改变当前环境光强度,观察液晶显示器上光强度值的变化,并做好记录和分析。

4.11.4 知识链接

光强度简称光强,国际单位是 candela(坎德拉)简写为 cd,其他单位还有烛光、支光。1cd 即 1000mcd 是指单色光源(频率 540×10^{12} Hz、波长 $0.550\mu m$)的光,在给定方向上(该方向上的辐射强度为(1/683)W/sr)的单位立体角内发出的发光强度。

BH1750 FVI 是一种用于两线式串行总线接口的数字型光强度传感器集成电路。这种集成电路可以根据收集的光线强度数据来调整液晶或者键盘背景灯的亮度。利用它的高分辨率可以探测较大范围的光强度变化。芯片的外观如图 4.72 所示。

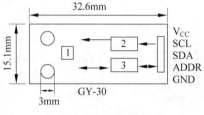

图 4.72 芯片外形

1. 光强度传感器的特性

(1) 支持 I^2C 总线接口。

(2) 接近视觉灵敏度的光谱灵敏度特性(峰值灵敏度波长典型值为 560nm)。

(3) 输出对应亮度的数字值。

(4) 对应广泛的输入光范围(相当于 1~65 535lx)。

(5) 通过降低功率功能,实现低电流化。

(6) 通过 50Hz/60Hz 除光噪声功能实现稳定地测定。

(7) 支持 1.8V 逻辑输入接口。

(8) 无须其他外部件。

(9) 光源依赖性弱(白炽灯、荧光灯、卤素灯、白光 LED、日光灯)。

(10) 有两种可选的 I^2C 从地址。

(11) 可调的测量结果,影响较大的因素为光入口大小。

(12) 使用这种功能能计算 1.1~100 0001x 马克斯/分钟的范围。

(13) 最小误差变动在 $\pm20\%$ 内。

(14) 受红外线影响很小。

阅读资料

根据中国光学电子协会的统计数据,我国的楼宇亮化产品、光彩照明产品从 2003 年开始,以每年大于 25% 的速度递增,其中超高亮照明更以每年 50% 以上的速度飞跃发展。随着智能家居的逐步深入人心,以及绿色能源、节能减排的号召,人们对生活品质、家电设备智能化的要求越来越高、越来越严格。

人们对居家生活品质要求越来越严格,对于舒适度的要求也越来越高。智能家居系统,对于环境的温、湿度检测已经比较成熟,但是对于光照强度的检测还不是很明确;同时为响应绿色能源与节能减排的号召,LED 室内照明也越来越被人们所接受,这又对环境光照强度的检测提出了更高的要求。在 LED 照明行业中,大多数是使用积分球检测

光照强度。但是,积分球检测的体积会受到限制。在安装和使用时不能实时检测光彩照明效果,使用步骤烦琐,同时积分球成本高。因此,采用 BH1750 FVI 进行光照度的检测电路的传感器。

2. BH1750 光强度传感器的工作原理

数字光强传感器 BH1750 的内部结构框图如图 4.73 所示,主要包括 PD(接近人眼反应的光敏二极管)、AMP(集成运算放大器:将 PD 电流转换为 PD 电压)、ADC(模/数转换获取 16 位数字数据)、Logic＋IC Interface(逻辑＋IC 界面)。此芯片在进行光照强度的检测时,需要用到 I^2C 接口。

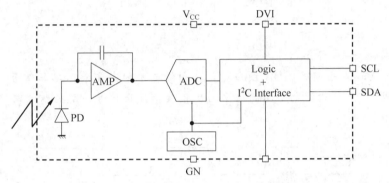

图 4.73 数字光强传感器 BH1750 的内部结构框图

用 BH1750 作为感光元件来感受外界的光照情况,BH1750 是一种采用 I^2C 总线接口的 16 位光强度传感器集成芯片,是一种可以根据通过感光部分的光线强度变化来调整输出电平信号的集成芯片。

阅读资料: I^2C 串行总线概述

I^2C 总线是 PHLIPS 公司推出的一种串行总线,是具备多主机系统所需的包括总线裁决和高低速器件同步功能的高性能串行总线。I^2C 总线只有两根双向信号线:一根是数据线 SDA;另一根是时钟线 SCL。I^2C 总线接线方式如图 4.74 所示。

接下来讲一下 I^2C 总线的数据传送。

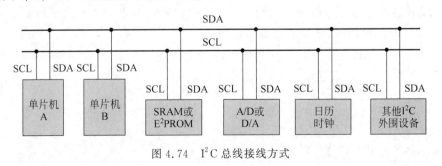

图 4.74 I^2C 总线接线方式

（1）数据位的有效性规定。

I^2C 总线进行数据传送时，时钟信号为高电平期间，数据线上的数据必须保持稳定，只有在时钟线上的信号为低电平期间，数据线上的高电平或低电平状态才允许变化。I^2C 数据的有效位示意图如图 4.75 所示。

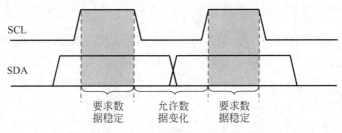

图 4.75　I^2C 数据的有效位示意图

（2）起始信号和终止信号。

SCL 线为高电平期间，SDA 线由高电平向低电平的变化表示起始信号；SCL 线为高电平期间，SDA 线由低电平向高电平的变化表示终止信号。起始信号与终止信号示意图如图 4.76 所示。

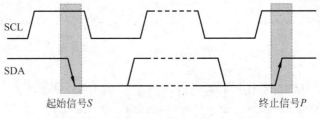

图 4.76　起始信号与终止信号示意图

3. BH1750 光强度传感器的控制流程

BH1750 与主控器之间的通信使用标准的 I^2C 通信协议。I^2C 总线是一种由 PHILIP 公司开发的两线式串行总线，用于连接微控制器及其外围设备。I^2C 总线在传输数据过程中共有 3 种类型信号，它们分别是开始信号、结束信号和应答信号。主控器通过 I^2C 接口向 BH1750 发送各种控制命令以及读取测量数据。主控器对 BH1750 传感器的操作主要包括发送控制命令与读取数据，具体步骤如下。

（1）主控器向 BH1750 发送控制命令步骤。

① 主控器产生通信启动信号，程序语句如下：

```
void BH1750_Start()
{
    SDA = 1;
    SCL = 1;
    Delay5us();
    SDA = 0;
```

```
    Delay5us();
    SCL = 0;
}
```

当 SCL 线为高电平期间,SDA 线由高电平向低电平的变化表示起始信号。

② 主控器发送 8bit 的地址数据(其中地址的最后一位应为 0,表示写命令),具体程序语句为:

```
BH1750_SendByte(SlaveAddress);
BH1750_SendByte(REG_Address);
```

在此程序中,参数 SlaveAddress 表示器件在 I^2C 总线中的从地址,根据 ALT ADDRESS 地址引脚不同进行修改,ALT ADDRESS 引脚接地时地址为 0x46,接电源时地址为 0xB8。本项目中地址为 0x46。

③ 主控器读取 BH1750 的应答信号。

④ 主控器发送 8bit 的命令数据。

⑤ 主控器读取应答;具体程序语句如下:

```
bit BH1750_RecvACK()
{
    SCL = 1;
    Delay5us();
    CY = SDA;
    SCL = 0;
    Delay5us();
    return CY;
}
```

只有 SCL 为高电平的情况下,读取的数据才有效。

BH1750_SendByte 函数的具体程序如下:

```
void BH1750_SendByte(BYTE dat)
{
    BYTE i;

    for (i = 0; i < 8; i++)
    {
        dat <<= 1;
        SDA = CY;
        SCL = 1;
        Delay5us();
        SCL = 0;
        Delay5us();
    }
    BH1750_RecvACK();
}
```

⑥ 主控器产生停止信号。具体的程序如下:

```
void BH1750_Stop()
```

```
{   SDA = 0;
    SCL = 1;
    Delay5us();
    SDA = 1;
    Delay5us();
}
```

当 SCL 线为高电平期间,SDA 线由低电平向高电平的变化表示终止信号。经过以上步骤,完成主控器向 BH1750 发送控制命令。

(2) 主控器从 BH1750 读取数据步骤。

① 主控器产生通信启动信号。

② 主控器发送 8bit 的地址数据(其中地址的最后一位应为 1,表示读命令)。

③ 主控器读取应答。BH1750 的应答程序具体如下:

```
void BH1750_SendACK(bit ack)
{
    SDA = ack;
    SCL = 1;
    Delay5us();
    SCL = 0;
    Delay5us();
}
```

④ 主控器读取高 8 位数据。

⑤ 主控器产生应答信号。

⑥ 主控器读取低 8 位数据。

⑦ 主控器产生应答信号。

⑧ 主控器产生停止信号。

主控器从 BH1750 读取数据的具体程序如下:

```
void Multiple_read_BH1750(void)
{   uchar i;
    BH1750_Start();
    BH1750_SendByte(SlaveAddress + 1);
    for (i = 0; i < 3; i++)
    {
        BUF[i] = BH1750_RecvByte();
        if (i == 3)
        {
            BH1750_SendACK(1);
        }
        else
        {
            BH1750_SendACK(0);
        }
    }
    BH1750_Stop();
    Delay5ms();
}
```

4．主控器对 BH1750 光强度传感器的控制流程

（1）初始化。

初始化过程是给 BH1750 光强度传感器通电，通电后等待测量指令。程序如下：

```
void Init_BH1750()
{
    Single_Write_BH1750(0x01);
}
```

向 BH1750 的单总线接口输入指令 0x01，则给传感器通电。总线写指令程序如下：

```
void Single_Write_BH1750(uchar REG_Address)
{
    BH1750_Start();
    BH1750_SendByte(SlaveAddress);
    BH1750_SendByte(REG_Address);
    BH1750_Stop();
}
```

通过以上步骤，完成 BH1750 传感器的初始化。

阅读资料：BH1750 光强度传感器的指令结构

BH1750 光强度传感器的指令结构如表 4.18 所示。

表 4.18 BH1750 光强度传感器的指令结构

指 令	代 码	注 释
断电	0x00	无激活状态
通电	0x01	等待测量指令
重置	0x07	重置数字寄存器值，重置指令在断电模式下不起作用
连续 H 分辨率模式	0x10	在 1lx 分辨率下开始测量，测量时间为 120ms
连续 H 分辨率模式 2	0x11	在 0.5lx 分辨率下开始测量，测量时间为 120ms
连续 L 分辨率模式	0x13	在 41lx 分辨率下开始测量，测量时间为 16ms
一次 H 分辨率模式	0x20	在 1lx 分辨率下开始测量，测量时间为 120ms，测量完之后，自动设置为断电模式
一次 H 分辨率模式 2	0x21	在 0.5lx 分辨率下开始测量，测量时间为 120ms，测量完之后自动设置为断电模式
一次 L 分辨率模式	0x23	在 41lx 分辨率下开始测量，测量时间为 16ms，测量完之后自动设置为断电模式
改变测量时间（高位）	01000_MT[7,6,5]	改变测量时间
改变测量时间（低位）	011_MT[4,3,2,1,0]	改变测量时间

（2）确定分辨率模式。

BH1750 传感器的数据测量模式共有 6 种，分别为连续 H 分辨率模式、连续 H 分辨率模式 2、连续 L 分辨率模式、一次 H 分辨率模式、一次 H 分辨率模式 2、一次 L 分辨率模式。

可以通过向 BH1750 光强传感器写命令，选择测量模式。

本项目中,采用连续 H 分辨率模式。具体程序如下:

```
Single_Write_BH1750(0x10);
delay_nms(120);
```

需要延时 120ms,用于数据的测量。

(3) 读取数据。

在程序中,直接调用 Multiple_Read_BH1750(),即可完成数据的读取。

(4) 数据转换。

无论采用哪种测量模式,光强度 I 与读取的数据 data 之间的关系为

$$I = \frac{\text{data}}{1.2} \tag{4.33}$$

具体的程序语句如下:

```
temp = (float)dis_data/1.2;
```

经过以上步骤,完成光强度的测量。

阅读测量:测量方法对光学窗口的影响(传感器灵敏度调节)

BH1750 FVI 可以改变传感器的灵敏度,通过函数可以消除光学窗口的影响(有无光学窗口的差异):通过改变测量时间来调整。例如,当光学窗口的传输速率变为 50% 时(如果设置光学窗口,测量结果可以变为 0.5 倍)。将传感器灵敏度从默认状态改变为 2 倍时,光学窗口的影响便可以忽略。

通过改变 MG 寄存器(时间测量寄存器)的值可以改变传感器的灵敏度。如果希望传感器的灵敏度是原来的 2 倍,则 MG 寄存器的值需设置为 2 倍。当 MT 寄存器值设置为 2 倍时,则测量时间需设置为原来的 2 倍。

例如,将传感器灵敏度变为 2 倍的程序。

请把 MT 寄存器的值从默认状态“0100_0101”变为默认状态 2“1000_1010”。

(1) 改变 MT 寄存器的高字节,如图 4.77 所示。

ST	Slave Address	R/W 0	Ack	01000_100	Ack	SP

图 4.77　改变高字节

(2) 改变 MT 寄存器的低字节,如图 4.78 所示。

ST	Slave Address	R/W 0	Ack	011_01010	Ack	SP

图 4.78　改变低字节

(3) 输入测量指令,如图 4.79 所示。

ST	Slave Address	R/W 0	Ack	0001_0000	Ack	SP

图 4.79　测量指令图

（4）240ms后,将测量结果寄存到数据寄存器。

（高分辨率模式测量时间为120ms,但是测量时间扩大为2倍）

5. BH1750 光强度传感器的应用

此光强度芯片应用于移动电话、液晶电视、笔记本电脑、便携式游戏机、数码相机、数码摄像机、汽车定位系统和液晶显示器中。

4.11.5　项目总结

通过本项目的学习,应掌握以下知识重点:①理解 BH1750 光强度传感器的特性;②理解测量电路的原理。

通过本项目的学习,应掌握以下实践技能:①能正确使用 BH1750 光强度传感器;②掌握测量电路的调试方法;③掌握 BH1750 光强度传感器的测量方法。

阅读材料5　环境传感器技术的最新发展

近年来,随着经济的快速发展,环境问题日益严峻,环境问题和人民生产生活息息相关,保护环境刻不容缓。环境监测不仅是加强环境监督与管理的重要手段,也是保护环境的前提和基础。随着环境问题的不断凸显,政府及社会各界不断地提高环境保护意识,从而对环境监测技术提出了更高的要求。因此,分析总结当前环境监测技术的应用现状,并在此基础上探讨其未来的发展趋势是十分必要的,具有很强的现实意义和重大的战略意义。本书简要介绍了环境监测的内涵、作用及发展历史,总结分析了环境监测技术的应用现状,并对其发展趋势进行了探讨,为今后环境监测工作的开展提供了更多的分析资料,促进环境监测技术的开发与完善,对实现人类的可持续发展具有重要的意义。

（1）环境监测的内涵及作用。

环境监测(Environmental Monitoring)是环境科学和环境工程的重要组成部分,是在环境分析的基础上发展起来的一门学科。它是指运用各种分析、测试手段,对影响环境质量因素的代表值进行测定,确定环境质量(或受污染程度)及其变化趋势,从而为开展环境工作提供服务的活动。

环境监测的目的是运用现代科学方法,对人类赖以生存的环境质量进行定量描述,用监测数据来表示环境质量受损程度,准确、及时、全面地反映环境质量现状及发展趋势,为环境管理、污染源控制、环境规划提供科学依据,进而保护人类正常生存与发展。具体有以下几个方面:对污染物及其浓度(强度)作时间和空间方面的追踪,掌握污染物的来源、扩散、迁移、反应、转化,了解污染物对环境质量的影响程度,并在此基础上对环境污染作出预测、预报和预防;了解和评价环境质量的过去、现在和将来,掌握其变化规律;收集环境背景数据、积累长期监测资料,为制定和修订各类环境标准、实施总量控制、目标管理提供依据;实施准确、可靠的污染监测,为环境执法部门提供执法依据;在深入广泛开展环境监测的同时,结合环境状况的改变和监测理论及技术的发展,不断改进和更新监测方法与手段,为实现环境保护和可持续发展提供可靠的技术保障。

环境监测在人类防治环境污染,解决现存的或潜在的环境问题,改善生活环境和生态环境,协调人类和环境的关系,最终实现人类的可持续发展的活动中,起着举足轻重的作用。

环境监测的对象大致分为以下两种:一种是自然环境,包括水源、大气、土壤等;另一种是人文环境,包括固体废弃物、环境生物、噪声、放射性物质等。环境监测通常包括背景调查、确定方案、优化布点、现场采样、样品运送、实验分析、数据收集、分析综合等过程。

(2) 环境检测技术的历史。

20世纪50年代,针对发达国家不断发生的化学毒物造成的严重环境污染事故,对环境样品进行化学分析以确定其组成和含量的环境分析便成为这个阶段环境监测的主要特征。自20世纪60年代末开始,环境监测逐渐引入物理的、生物的手段,这一时期的监测工作以对污染源的监督性监测为主要特征。自20世纪70年代中期以来,发达国家把环境监测焦点从对污染源监控转移到环境质量监控上来,使环境监测范围发展到面源污染及区域性环境质量方面。20世纪80年代初,发达国家相继建立了自动连续监测系统和宏观生态监测系统,并借助地理信息系统技术、遥感技术和全球卫星定位系统技术,连续观察空气、水体污染状况变化及生态环境变化,预测预报未来环境质量,扩大了环境监测范围,提高了监测数据的获取、处理、传输、应用的能力,为环境监测动态监控区域环境质量乃至全球生态环境质量提供了强有力的技术保障,极大地促进了环境监测的现代化发展,实现了监测的实时性、连续性和完整性。

我国环境监测起步较晚,经过30多年的发展,现已发展到物理监测、生物监测、生态监测、遥感、卫星监测,从间断性监测逐步过渡到自动连续监测。监测范围从一个断面发展到一个城市、一个区域乃至全国。一个以环境分析为基础,以物理测定为主导,以生物监测、生态监测为补充的环境监测技术体系已初步形成。

(3) 环境监测技术的应用现状。

3S技术、生物技术、信息技术、物理化学科学等现代化监测技术已被广泛应用于大气环境监测、水资源调查评价等监测工作中。

① 3S技术在环境监测中的应用。3S技术是以遥感技术(RS)、地理信息系统(GIS)和全球定位系统(GPS)为基础,将这3种独立技术与其他高新技术有机地构成一个整体而形成的一项新的综合技术,它集信息的获取、处理和应用于一身,凸显信息获取与处理的高速、实时与应用中的高精度、可定量化等方面的优点。

② 生物技术在环境监测中的应用。随着生物技术的迅猛发展,以现代生物技术为代表的高新技术在环境科学中得到了越来越广泛的应用。现代生物技术是以DNA重组技术的建立为标志的多学科交叉的新兴综合性技术体系,它以分子生物学、细胞生物学、微生物学、遗传学等学科为支撑,与化学、化工、计算机、微电子和环境工程等学科紧密结合和相互渗透,极大地丰富了各学科的内涵,推动了科学理论和应用技术的发展。

现代生物技术正被利用或嫁接到环境监测领域,构成了现代生物监测技术。目前,在环境监测领域,应用比较广泛的有生物大分子标记物检测技术和PCR(多聚酶链式反应)技术。此外,当今研究和应用比较广泛的生物技术还有单细胞凝胶电泳、生物传感器、酶联免疫技术等。

③ 信息技术在环境监测中的应用。随着计算机、网络等现代信息技术在各领域应用的不断深入,信息技术已经被广泛应用于环境监测中。

a. 无线传感器网络技术。环境监测应用中无线传感器网络属于层次型的异构网络结构,最底层为部署在实际监测环境中的传感器节点。向上层依次为传输网络、基站,最终连接到网络。通过该技术能够将监测的数据传送到数据处理中心,监护人员(或用户)可以通过任意一台联入网络的终端访问数据中心,或者向基站发出命令。许妍等研究的基于无线传感器网络技术的农田灌溉系统,可实现对农田土壤的湿度、温度等参数的在线监测和实时控制,从而提高了农业生产效率。

b. PLC技术。可编程逻辑控制器(PLC)是集自动化技术、计算机技术和通信技术于一体的新一代工业控制装置,在结构上对耐热、防尘、防潮、抗震等都有精确考虑,在硬件上采用隔离、屏蔽、滤波、接地等抗干扰措施,非常适用于条件恶劣的户外及工业现场。此外,可以用于雨水的远程监测,对于农业生产及防洪抗旱有着积极的意义;还可以对河水水位、流速、水质的测量实现远程监视。

④ 物理化学科学在环境监测中的应用。近年来,由于高分子化学、分析化学、物理科学等学科的不断发展与完善,物理化学科学在环境监测中有了较为广泛的应用。

阅读材料6　环境传感器技术的应用

1. 温度传感器的应用
1) 温度传感器在工业中的应用
(1) 热电偶在工业制造中发挥的作用。

热电偶主要是用来测量温度,故名为温度传感器。中航自控中对温度传感器应用很广泛。

- 民用热电偶分:有电饭煲用热电偶、冰箱用热电偶、燃气灶用热电偶、汽车用热电偶、电熨斗用热电偶等。
- 军用热电偶:有大炮、导弹、飞船、消防坦克、航空航天。
- 工业用热电偶:有冶金冶炼、石油化工、火电核电、制造业、机械制造、玻璃陶瓷、塑料橡胶、酿酒制药、轻工纺织、食品、烟草、水处理等工业行业。

为何非要用热电偶,深圳中航自控说明是:如消防坦克,当坦克开进火场,一定距离后就不能往前走,所以外部要有热电偶,驾驶员通过仪表看到外部温度太高,就不能再往前走,还要看内部温度。再如炼钢炼铁,钢水温度在1 300℃,但是要有参照或依据,以往是通过技术人员的眼睛来确认温度,感觉温度达到要求了,就认为这炉钢水炼完了,但要保证产品质量,就要求精测精控,所以必须用热电偶才能实现器件包括湿度传感器探头、不锈钢电热管PT100传感器、铸铝加热器、加热圈流体电磁阀。

（2）人体测温。

普通测量方式是采用水银测温计。由于水银受到体温的影响，产生微小的变化，水银体积膨胀，使管内水银柱的长度发生明显的变化。人体温度的变化一般在 35～42℃之间，所以体温计的刻度通常是 35～42℃，而且每度的范围又分成为 10 份，因此体温计可精确到 1/10℃，但水银对人体可能构成危害。随着科学技术的发展，现在发明电子式体温计，解决了很多难题，目前已经出现很多类型的新式体温计。电子式体温计利用某些物质的物理参数(如电阻、电压、电流等)与环境温度之间存在的确定关系，将体温以数字的形式显示出来，读数清晰、携带方便。其不足之处在于示值准确度受电子元件及电池供电状况等因素影响，如玻璃体温计。

2）温度传感器在医疗机构中的应用

（1）温度传感器应用于麻醉机。

热敏电阻元件温度传感器——由麻醉机送出的空气如果温、湿度合适，能使病人呼吸舒适，还可避免因吸入干冷空气而引起喉痛。因此，输气系统的温度必须加以监测和控制，以确保能提供温度适宜的气流。热敏电阻元件温度传感器正是根据这种需要而设计的，它可直接安装在空气通道中监测空气的温度，传感器和测量气流温度的微控制器配合可用来控制和调节气流的温度。

（2）温度传感器应用于监测系统。

监测冷藏箱温度的传感器似乎相当直观明了，但有没有想过用传感器来监测我们的活动方式？一些老年人发现，监测技术可以让他们在家里待得更久，并且可改善生活质量。所有远程监测和远程健康系统的最终目的都是改善病人护理条件。虽然许多老年人身边都有个人紧急响应系统(PERS)按钮，那样遇到紧急情况可以摁按钮求救，但许多人并没有使用按钮，其中有诸多原因是他们可能身体伤残、意识混乱或远离按钮。

比如，丈夫患阿尔兹海默病的妇女可能很难在晚上睡好觉，因为她提心吊胆，时时防着丈夫在夜间乱走。而监测系统改变了这种情况：如果他离床太久，就会发出警报。不仅只有床头传感器能够有此效果。例如，明尼苏达州的 Healthsense 公司，其 eNeighbor 远程监测系统可提供 12 种传感器，这些基于 WiFi 的传感器包括床头传感器、厕所传感器、接触传感器和运动传感器。但光靠传感器未必会告诉某人需要帮助，所以 Healthsense 的系统会分析数据，评估病人是否偏离了通常的活动模式；若有偏离，就表明可能有问题。这种系统可将不同传感器获得的信息关联起来，并且使传感器算法适应患者的一般活动或在家里走动的规律。一旦确定了模式，系统就会根据这些信息评估患者在预期活动范围内还是在预期活动范围外，然后它会发出相应的警报。

3）湿度传感器的应用

随着全球一体化，国内产品面临巨大挑战。各行业特别是传统产业都急切需要进行改造和升级。湿度是影响纺织品质量的一个重要原因，在制药行业里和食品行业里，则基本上凭经验，很少有人使用湿度传感器或二氧化碳传感器。在农业方面各地建立了越来越多的新型温室大棚，种植蔬菜、花卉等；养殖业对环境的测控也日益迫切，对空气测量技术的需求也越来越大。对于传统的如二氧化碳传感器、二氧化碳变送器等的要求也越来越高。

　　现在在湿度测试领域大部分湿敏元件性能还只能在普通温度环境下使用。而在特殊情况下如印染行业的纱锭烘干中，温度能达到120℃或更高；在食品行业中，食物的烘烤温度能达到80～200℃；耐高温材料，如陶瓷过滤器的烘干等能达到200℃以上。而普通的湿度传感器是很难测量的。

　　如何提升湿度传感器的性能，需先了解它的基本原理。高分子电容式湿度传感器通常都是在绝缘的基片如玻璃、陶瓷、硅等材料上，用丝网漏印或真空镀膜工艺做出电极，再用浸渍或其他办法将感湿胶涂覆在电极上做成电容元件。湿敏元件在不同相对湿度的大气环境中，因感湿膜吸附水分子而使电容值呈现规律性变化。在设计和制作工艺中很难得到感湿特性全湿程线性。作为电容器，高分子介质膜的厚度 d 和平板电容的等效面积 S 也和温度有关。温度变化所引起的介质几何尺寸的变化将影响 C 值。高分子聚合物的平均热线胀系数可达到非常小的量级，如硝酸纤维素的平均热线胀系数为 $108 \times 10^{-5}/℃$。随着温度的上升，介质膜厚 d 增加，对 C 呈负贡献值；但感湿膜的膨胀又使介质对水的吸附量增加，即对 C 呈正值贡献。可见，湿敏电容的温度特性受多种因素支配，在不同的湿度范围温漂不同；在不同的温区呈不同的温度系数；不同的感湿材料温度特性不同。总之，高分子湿度传感器的温度系数并非常数，而是个变量。所以通常传感器生产厂家能在—10～60℃范围内使传感器线性化，以减小温度对湿敏元件的影响。

　　当前在湿敏元件的开发和研究中，电阻式湿度传感器应当最适用于湿度控制领域，其代表产品氯化锂湿度传感器具有稳定性、耐温性和使用寿命长多项重要的优点。氯化锂湿敏器件属于电解质感湿性材料，其感湿液依据当量电导随着溶液浓度的增加而下降。电解质溶解于水中，降低水面上的水蒸气压的原理而实现感湿。氯化锂湿度传感器的特有的长期稳定性是其他感湿材料不可替代的，也是湿度传感器最重要的性能。经过感湿混合液的配制和工艺上的严格控制是保持和发挥这一特性的关键。

　　4）光敏传感器的应用

　　光敏传感器的应用主要是光敏电阻的应用，其在自动控制、家用电器中有着广泛的应用，如在电视机中作亮度自动调节、在照相机中作自动曝光、在路灯和航标中作自动电路控制、防盗报警装置等。在此，主要讨论大家最熟悉也是应用非常广泛的，即当前光敏传感器在智能手机中的应用。

　　手机从最初的芯片降耗节能，实现超常待机，到LCD"屏变"、节能、健康、不刺眼，一直发展到今天，利用线性光敏传感器实现诸多功能。

　　（1）键盘节能感应。

　　在正常使用手机的情况下，白天可自动关闭键盘背光灯，晚上则可自动开启，起到节能作用。

　　（2）智能感光（LCD屏感应）。

　　感应环境光线强弱自动调节LCD屏亮度等级、图像色彩。太阳光下看得更清晰，晚上不刺眼，随时随地自动调节亮度，在保护视力的同时能节省手机的功耗。

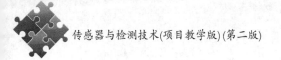

（3）来电铃声转静音。

当你正在会议中，手机却响起洪亮的来电铃声，而对方又是自己多年未见的好朋友，此时轻触光感 IC 窗口两次，来电铃声即轻松转为静音，既不打扰会议，又不会得罪朋友，一举两得。

（4）拍摄自动补光感应。

拍照时什么时候该开补光灯呢？ 交给光感 ICLXD/GB5-A1DPZ 吧，只要你在自动模式下，它就会在需要补光时自动为你开启补光灯，无须补光时又能自动为你关闭。

复习与训练

4.1 环境传感器的类型有哪些？

4.2 环境传感器的作用是什么？

4.3 简述 DS18B20 温度传感器的工作原理。

4.4 简述 DS18B20 温度传感器的工作过程。

4.5 DS18B20 温度传感器数据的表示方式是什么？

4.6 热敏电阻的工作原理是什么？

4.7 热敏电阻的工作特性是什么？

4.8 集成式温度传感器的分类是什么？

4.9 红外测温传感器的工作原理是什么？

4.10 湿度传感器可以分成哪些类型？

4.11 在应用湿度传感器时应注意哪些问题？

4.12 湿度传感器的工作原理是什么？

4.13 集成式湿度传感器的工作原理是什么？

4.14 数字式温湿度传感器 DHT11 的工作过程是什么？

4.15 数字式温湿度传感器 DHT11 的工作原理是什么？

4.16 什么是光电效应？

4.17 光敏电阻的特性是什么？

4.18 光敏二极管的工作原理是什么？

4.19 BH1750FVI 光强度传感器的工作过程是什么？

4.20 通过网络了解环境传感器的发展及其应用。

速度传感器的应用

引入项目

概述

速度是机械行业常见的测量参数之一,用来测定电机的转速、线速度或频率。常用于电机、电扇、造纸、塑料、化纤、洗衣机、汽车、飞机、轮船等制造业。速度测量主要分为两种,即线速度和角速度(转速)。目前,线速度的测量主要采用时间、位移计算法;转速测量的方法有多种,主要分为计数式、模拟式、同步式三大类,应用比较多的是计数式,计数式又可分为机械式、光电式和电磁式。随着计算机的广泛应用,自动化、信息化技术的要求,电子式转速测量已占主流,成为多数场合转速测量的首选。本模块主要介绍电子式转速测量的实现方法。

要实现速度测量,首先要分析测量的对象,根据被测对象的特点、现有条件及测量精度等要求,选择合适的传感器,继而配合相应的电子电路来实现。

通过本模块的学习,可以掌握测量速度所用传感器的类型、特点、应用场合及信号处理电路,理解信号处理电路的工作原理及测量方法,掌握传感器的选用原则,为工程应用打下基础。

模块结构

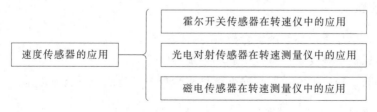

预备知识

◆ 霍尔效应。

◆ 光电效应。

◆ 电磁感应原理。

项目 5.1　霍尔传感器在转速测量系统中的应用

5.1.1　项目目标

通过霍尔传感器测速电路的制作和调试,掌握霍尔传感器的特性、电路原理和调试技能。

以霍尔传感器作为检测元件,制作一数字显示速度表,测速范围:小于 10 000r/min。

5.1.2　项目方案

设计基于霍尔传感器速度检测系统,以 AT89C52 单片机为核心控制单元,通过对速度信息采集与处理,获取当前运行速度,并且通过 LCD1602 显示当前速度。速度检测系统框图如图 5.1 所示。

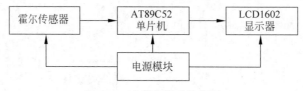

图 5.1　速度检测系统框图

5.1.3　项目实施

1. 电路原理图

此速度测量电路采用 AT89C52 单片机作为主控制器,霍尔元件作为速度传感器。通过单片机的 IO 引脚进行速度数据的采集,并进行速度的显示。

单片机与霍尔传感器的电源电压均为 5V,通过编写 C 语言程序,采集速度信息,并且进行速度信息的显示。霍尔传感器测速系统原理如图 5.2 所示。

本项目主要使用以下器件,即霍尔集成开关传感器、AT89C52 单片机最小系统、电阻、电容、电源模块、数码管显示模块等。

2. 实施步骤

(1) 准备好单片机最小系统实验板、霍尔传感器。

(2) 将传感器正确安装在单片机最小系统实验板上。

(3) 将编写好的速度测量的程序下载到实验板中。此部分可查看附录。

```
void main(void)
{
    LcdInitiate();
    TMOD = 0x51;
     TH0 = (65536 - 46083)/256;
    TL0 = (65536 - 46083)%256;
```

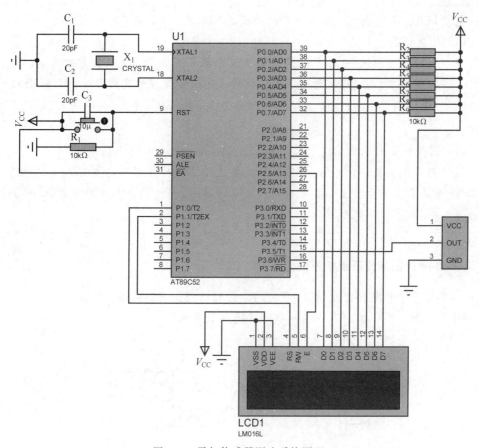

图 5.2　霍尔传感器测速系统原理

```
    EA = 1;
    ET0 = 1;
    TR0 = 1;
    count = 0;
    display_sym();
display_val(0000);
display_unit();
    while(1)
     {
       TR1 = 1;
        TH1 = 0;
        TL1 = 0;
        flag = 0;
        while(flag == 0)                    ;
        v = (TH1 * 256 + TL1) * 60/16;
        display_val(v);
    }
}
```

（4）下载完成后，单片机实验板上电，液晶显示器即可显示当前运行速度。

（5）改变当前速度，观察液晶显示器上速度值的变化，并做好记录和分析。

> 电路调试主要有两项内容：一是对分度进行标定；二是调节输入 IC2 的信号幅度。
>
> (1) 分度标定。
>
> 可以进行现场调试，也可通过模拟装置进行调试。为了调试及教学方便，可以用信号发生器提供脉冲信号，模拟传感器输出信号。方法是将信号发生器输出电缆接到 R_{P1} 上端，调节频率调节旋钮，使输出信号频率为 166.6Hz，调节 R_{P2}，使电压表指示为 10V 即可。
>
> (2) 信号幅度调节。
>
> 调节前首先安装好传感器，将霍尔开关集成传感器的 3 根线与电路对应端相连，启动机器，电压表应指示转速。不能指示转速或不准确，则可调节 R_{P1} 加大输入 IC2 的信号幅度，使电压表指示稳定即可。

3. 霍尔开关集成传感器的安装方式

应用霍尔开关传感器测量转速，安装的位置与被测物的距离视安装方式而定，一般为几毫米到十几毫米。霍尔传感器安装示意图如图 5.3 所示。

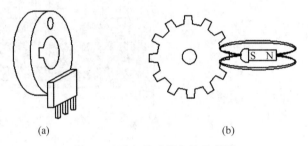

(a)　　　　　　　　　　　　　　(b)

图 5.3　霍尔传感器安装示意图

图 5.3(a)所示为在一个圆盘上安装一个磁钢，霍尔传感器则安装在圆盘旋转时磁钢经过的地方。圆盘上磁钢的数目可以为 1 个、2 个、4 个、8 个等，均匀地分布在圆盘的一面。图 5.3(b)所示安装方式适用于原转轴上已经有磁性齿轮的场合，此时工作磁钢固定在霍尔传感器的背面(外壳上没有打标志的一面)，当齿轮的齿顶经过传感器时，有较多的磁力线穿过传感器，霍尔集成开关传感器输出导通；而当齿谷经过霍尔开关传感器时，穿过传感器的磁力线较少，传感器输出截止，即每个齿经过传感器时则产生一个脉冲信号。

5.1.4　知识链接

霍尔传感器是基于霍尔效应的一种传感器。1879 年美国物理学家霍尔首先在金属材料中发现了霍尔效应，但由于金属材料的霍尔效应太弱而没有得到应用。随着半导体技术的发展，开始用半导体材料制成霍尔元件，由于它的霍尔效应显著而得到应用和发展。

1. 霍尔元件的特性

(1) 输入电阻 R_i。

霍尔元件两激励电流端的电阻称为输入电阻。它的数值从几十欧到几百欧，视不同型号而定。温度升高,输入电阻变小,从而使输入电流 I_{ab} 变大,最终引起霍尔电动势变大。为了减少这种影响,最好采用恒流源作为激励源。

(2) 输出电阻 R_o。

两个霍尔电动势输出端之间的电阻称为输出电阻,它的数值与输入电阻为同一数量级。它也随温度改变而改变。选择适当的负载电阻 R_L 与之匹配,可以使由温度引起的霍尔电动势的漂移减至最小。

(3) 额定功耗 P 和控制电流 I_c。

霍尔元件在环境 $t=25℃$ 时,允许通过霍尔元件的电流 I 和电压 U 的乘积,分最小、典型和最大 3 挡,单位为 mW。当供给霍尔元件的电压确定后,根据额定功耗可知额定控制电流 I_c。由于霍尔电动势随激励电流增大而增大,故在应用中总希望选用较大的控制电流。但控制电流增大,霍尔元件的功耗增大,元件的温度升高,从而引起霍尔电动势的温漂增大,因此每种型号的元件均规定了相应的最大激励电流,一般为几毫安到几十毫安。

(4) 霍尔灵敏度系数 K_H。

在单位控制电流和单位磁感应强度作用下,霍尔元件端的开路电压,单位为 $V/(A \cdot T)$,$K_H = U_H/(IB)$。

(5) 不平衡电势 U_o。

在额定电流 I 下,不加磁场时霍尔元件输出端的空载电势称为不平衡电势,单位为 mV。

(6) 霍尔电动势温度系数。

在一定磁场强度和控制电流的作用下,温度每变化 1℃时霍尔电动势变化的百分数称为霍尔电动势温度系数,它与霍尔元件的材料有关,一般约为 0.1%/℃。在要求较高的场合,应选择低温漂的霍尔元件。

随着微电子技术的发展,将霍尔元件、恒流源、放大电路等电路集成到一起就构成了霍尔集成传感器,它具有体积小、灵敏度高、输出幅度大、温漂小、对电源稳定性要求低等优点。目前,根据使用场合的不同,霍尔集成传感器主要有开关型和线性型两大类。

(1) 开关型霍尔集成传感器。

开关型霍尔集成传感器是将霍尔元件、稳压电路、放大器、施密特触发器、OC 门等电路集成在同一个芯片上构成,如图 5.4 所示。

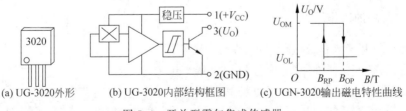

(a) UG-3020外形　　(b) UG-3020内部结构框图　　(c) UGN-3020输出磁电特性曲线

图 5.4　开关型霍尔集成传感器

这种集成传感器一般对外为 3 只引脚,分别是电源、地及输出端。

典型的霍尔开关集成传感器有 UGN-3020、UGN-3050 等,图 5.4(a)所示的 UGN-5020 外形图,其输出特性如图 5.4(c)所示。在外磁场的作用下,当磁感应强度超过导通

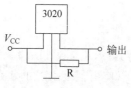

图 5.5 开关型霍尔集成
传感器应用电路

阈值 B_{OP} 时,霍尔电路输出管导通,OC 门输出低电平。之后,B 再增加,仍保持导通态。若外加磁场的 B 值降低到 B_{RP} 时,输出管截止,OC 门输出高电平。称 B_{OP} 为工作点,B_{RP} 为释放点,$B_{OP} - B_{RP} = B_H$ 称为回差。回差的存在使开关电路的抗干扰能力增强。

霍尔集成开关传感器常用于接近开关、速度检测及位置检测,其典型应用电路如图 5.5 所示。

（2）霍尔线性集成传感器。

霍尔线性集成传感器的输出电压与外加磁场强度的大小呈线性比例关系。为了提高测量精度,这类传感器主要由霍尔元件、恒流源电路、差分放大电路等组成,如图 5.6 所示。

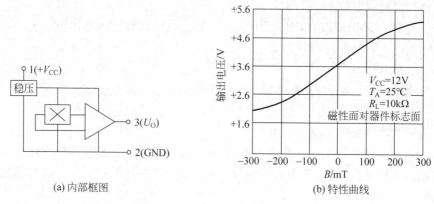

(a) 内部框图　　　　　　(b) 特性曲线

图 5.6　霍尔线性集成传感器

图 5.6(a)所示为其结构框图。霍尔线性集成传感器根据输出端的不同,分为单端输出和双端输出两种,用得较多的为单端输出型,典型产品有 UGN-3501 等,图 5.6(b)所示为其传输特性。

霍尔集成传感器常用于转速测量、机械设备限位开关、电流检测与控制、保安系统、位置及角度检测等场合。

2. 霍尔元件的工作原理

霍尔元件是基于霍尔效应制作的。置于磁场中的静止载流导体,当它的电流方向与磁场方向不一致时,载流导体上垂直于电流和磁场方向上的两个面之间产生电动势,这种现象称霍尔效应,该电势称霍尔电势,半导体薄片称为霍尔元件。

在垂直于外磁场 B 的方向上放置一个导电板,导电板通以电流 I,方向如图 5.7 所示。

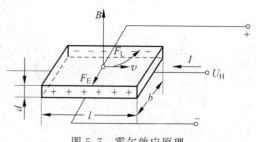

图 5.7　霍尔效应原理

导电板中的电流是金属中自由电子在电场作用下的定向运动。此时,每个电子受洛伦兹力 F_m 的作用,F_m 的大小为

$$F_L = -evB \tag{5.1}$$

式中,e 为电子电荷;v 为电子运动平均速度;B 为磁场的磁感应强度。

F_L 的方向在图 5.7 中是向上的,此时电子除了沿电流反方向做定向运动外,还在 F_L 的作用下向上漂移,结果使金属导电板上底面积累电子,而下底面积累正电荷,从而形成了附加内电场 E_H,称为霍尔电场,该电场强度为

$$E_H = \frac{U_H}{b} \tag{5.2}$$

式中,U_H 为电位差。霍尔电场的出现,使定向运动的电子除了受洛伦兹力的作用外,还受到霍尔电场的作用力 F_e,其大小为 $-eE_H$,此力阻止电荷继续累积。随着上、下底面累积电荷的增加,霍尔电场增加,电子受到的电场力也增加,当电子所受洛伦兹力和霍尔电场作用力大小相等、方向相反时,即

$$-eE_H = -evB \tag{5.3}$$

$$E_H = vB$$

$$U_H = bvB \tag{5.4}$$

此时电荷不再向两底面积累,达到平衡状态。

若金属导电板单位体积内电子数为 n,电子定向运动平均速度为 v,则激励电流 $I = nvbd(-e)$,则

$$v = -\frac{I}{bdne} \tag{5.5}$$

整理,得

$$E_H = -\frac{IB}{bdne} \tag{5.6}$$

式中,令 $R_H = -1/(ne)$,称之为霍尔常数,其大小取决于导体载流子密度,则

$$U_H = R_H \frac{IB}{d} = K_H IB \tag{5.7}$$

式中,$K_H = R_H/d$ 为霍尔片的灵敏度。

可见,霍尔电势正比于激励电流及磁感应强度,其灵敏度与霍尔常数 R_H 成正比,而与霍尔片厚度 d 成反比。为了提高灵敏度,霍尔元件常制成薄片形状。

霍尔电势的大小还与霍尔元件的几何尺寸有关。一般要求霍尔元件灵敏度越大越好,霍尔元件的厚度 d 与 K_H 成反比。因此,霍尔元件越薄,其灵敏度越高。

一般来说,金属材料载流子迁移率很高,但电阻率很小;而绝缘材料电阻率极高,但载流子迁移率极低。故只有半导体材料适于制造霍尔片。目前常用的霍尔元件材料有锗、硅、砷化铟、锑化铟等半导体材料。其中 N 型锗容易加工制造,其霍尔系数、温度性能和线性度都较好。N 型硅的线性度最好,其霍尔系数、温度性能同 N 型锗相近。锑化铟对温度最敏感,尤其在低温范围内温度系数大,但在室温时其霍尔系数较大。砷化铟的霍尔系数较小,温度系数也较小,输出特性线性度好。

霍尔元件的结构很简单,它由霍尔片、引线和壳体组成,霍尔元件外形及封装如图 5.8 所示。

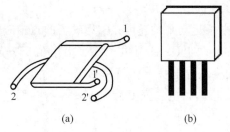

(a)   (b)

图 5.8　霍尔元件外形及封装

例如,霍尔元件灵敏度为 $R_H = -1/(ned)$,其中:n 为半导体单位体积中的载流子数,e 为电子电荷量,d 为霍尔元件的厚度。为了提高霍尔元件灵敏度,分析霍尔元件在选材和结构设计应中应注意考虑哪些问题? 并说明原因。

答:首先要考虑选材问题,最好选择半导体材料,因为半导体单位体积中的载流子数 n 较小;其次要考虑结构问题,最好选择薄片结构,使厚度 d 变小。

霍尔传感器具有许多优点,其结构牢固,体积小,质量轻,寿命长,安装方便,功能消耗小,频率高,耐震动,不怕灰尘、油污、水汽及盐雾等的污染或腐蚀。

---

3. 霍尔元件的操作流程

霍尔集成元件的输出为数字量,因此可以直接接入单片机。在本项目中,直接将霍尔元件接入单片机的 P3.5 引脚,即 T1 定时器输入端,具体程序如下:

```
{ TR1 = 1;
      TH1 = 0;
      TL1 = 0;
      flag = 0;
      while(flag == 0);
      v = (TH1 * 256 + TL1) * 60/16;
      display_val(v);
}
```

此时 T1 定时器应用计数,记录霍尔传感器产生信号的次数,T0 定时器用于定时,定时的时间为 50ms,当 1s 到达时,计算速度值。在本设计中,每圈有 16 个磁钢,每周霍尔元件有 16 个信号。

4. 霍尔元件的应用

霍尔传感器可直接用于检测磁场或磁特性,也可以通过在被检对象上人为设置磁场,来检测许多非电、非磁的物理量,如力、力矩、压力、应力、位置、位移、速度、加速度、角度、角速度、转数、转速以及工作状态发生变化的时间等,还可转换成电量来进行检测和控制。

阅读资料

霍尔传感器往往用于被测旋转轴上已经装有铁磁材料的齿轮上,或者在非磁性盘上安装若干个磁钢,也可利用齿轮上的缺口或凹陷部分来实现检测。目前,用于测速的霍尔传感器主要为霍尔开关集成传感器及霍尔接近开关。

目前,国内外霍尔开关集成传感器的型号很多,如国产的 SH111～SH113 型,其各有 A、B、C、D 等 4 种类型,国产霍尔集成开关传感器的主要参数如表 5.1 所示。

表 5.1　国产霍尔集成开关传感器的主要参数

型号　　参数		截止电源电流/mA	导通电源电流/mA	输出低电平/V	高电平输出电流/μA	导通磁通/mT	截止磁通/mT
SH111 SH112 SH113	A	≤5	≤8	≤0.4	≤10	80	10
	B					60	10
	C					40	10
	D					20	10

国外生产常用型号主要有 UGN/UGS 系列,美国产霍尔集成开关传感器的主要参数如表 5.2 所示。

表 5.2　美国产霍尔集成开关传感器的主要参数

型号　　参数		导通磁通/mT		截止磁通/mT	
		最大值	典型值	典型值	最小值
UGN/UGS	3019L	50	42	30	10
	3020L	35	22	16	5
	3040L	20	15	10	5

5.1.5　项目总结

通过本项目的学习,应掌握以下知识重点：①理解霍尔传感器的特性；②理解测速电路的原理。

通过本项目的学习,应掌握以下实践技能：①能正确使用霍尔传感器；②掌握测速电路的调试方法；③掌握霍尔传感器的使用方法。

项目5.2　光电传感器在机器人转速测量中的应用

5.2.1　项目目标

通过本项目的学习,使学生掌握光电传感器的基本原理,熟悉光电传感器的基本特性,掌握光电传感器的应用电路。

利用光电对射传感器设计一转速计,采用数字显示,测速范围小于 1000r/s。

5.2.2 项目方案

在环境磁场较强的场合测速时,不适宜采用磁性传感器,而光电传感器则可以解决这一问题。利用光电传感器实现转速测量时,可以采用反射式光电传感器、对射式光电传感器,也可采用光电编码器来实现。

采用光电反射式传感器测量转速时,只需在转轴上贴一张反光纸或涂黑的纸即可,反射式光电传感器示意图如图 5.9 所示。

其实现起来简单、方便,每转一圈产生一个脉冲信号,一般用于便携式转速测量仪。实际应用中,通常采用红外光电传感器,这类传感器目前也比较多,如 ST602 型,其外形结构及内部电路示意图如图 5.10 所示。

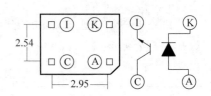

图 5.9　反射式光电传感器测量示意图　　　　图 5.10　ST602 的外形结构及内部电路示意图

ST602 的测量距离为 4~10mm,ST602 的光电特性参数如表 5.3 所示。

表 5.3　ST602 的光电特性参数表　　　　　　　($T_a=25℃$)

项　目		符号	测 试 条 件		最小	典型	最大	单位
输入	正向压降	U_F	$I_F=20mA$		—	1.25	1.5	V
	反向电流	I_R	$U_R=3V$		—	—	10	μA
输出	集电极暗电流	I_{ceo}	$U_{ce}=20V$		—	—	1	μA
	集电极亮电流	I_L	$U_{ce}=15V$ $I_F=8mA$	L3	0.30	—	—	mA
				L4	0.40	—	—	mA
				L5	0.50	—	—	mA
	饱和压降	U_{CE}	$I_F=8mA、I_c=0.5mA$		—	—	0.4	V
传输特性	响应时间	T_r	$I_F=20mA、U_{ce}=10V、$ $I_{Rc}=100\Omega$		—	5	—	μs
		T_f			—	5	—	μs

采用对射式光电传感器测量转速时,转速测量示意图如图 5.11 所示。

它是在转轴上安装一个圆盘,圆盘边缘开若干个孔(如 60 个),这样圆盘每转一圈即可产生 60 个脉冲信号。例如,ST155 对射式光电传感器,ST155 的外形结构及内部电路示意图如图 5.12 所示。

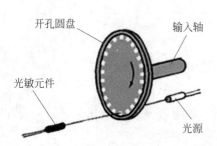

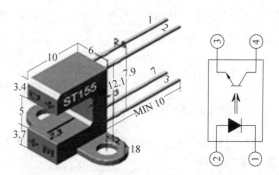

图 5.11　对射式光电传感器转速测量示意图

图 5.12　ST155 的外形结构及内部电路示意图

ST155 的光电特性参数如表 5.4 所示。

表 5.4　ST155 的光电特性参数　　　　　　　　($T_a = 25℃$)

项　　目		符号	测 试 条 件	最小	典型	最大	单位
输入	正向压降	U_F	$I_F = 20\text{mA}$	—	1.25	1.5	V
	反向电流	I_R	$U_R = 3\text{V}$	—	—	10	μA
输出	集电极遮电流	I_{ceo}	$U_{ce} = 20\text{V}$	—	—	1	μA
	集电极通电流	I_L	$U_{ce} = 5\text{V}$、$I_F = 8\ \text{mA}$	0.25	—	—	mA
	饱和压降	U_{CE}	$I_F = 8\text{mA}$、$I_c = 0.5\text{mA}$	—	—	0.4	V
传输特性	响应时间	T_r	$I_F = 20\text{mA}$、$U_{ce} = 10\text{V}$、	—	5	—	μs
		T_f	$I_{Rc} = 100\Omega$	—	5	—	μs

采用光电传感器实现转速测量时,要设计检测电路及信号处理电路,最终得到标准的脉冲信号(如 TTL 电平)。其电路比较复杂,但价格便宜,很容易实现一个测速系统。

除了使用光电传感器外,还可以采用光电接近开关来实现。光电接近开关是将输入电路、输出电路、信号处理电路已经做成一个整体,其输出就是标准的脉冲信号,使用起来比较方便,其输出可直接显示在转速测量仪表上。

考虑到学习的需要,采用对射式光电传感器实现转速测量,检测电路如图 5.13 所示。

根据参数,其输出电压最小值为 2.5V,实际上其输出电压要大于此值,也可对输出的信号进行放大、整形。实现放大、整形的电路可以采用集成运放进行放大、利用触发器实现整形,当然也可采用专用集成芯片来实现,如 74HC14 或 CD40106 等。

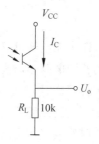

图 5.13　光电传感器检测电路

由于系统要求以数字显示实际转速,即要对整形后的信号进行计数并显示,对于这部分电路可以采用数字电路来实现,也可以用单片机来实现,而后一种应用较多,但若同学们还没有学习单片机的话,则只能使用前一种,即用数字电路来实现。

考虑到同学在学习本门课程时,还没有学习单片机课程,所以采用数字电路来实现该项目。即用计数器在单位时间内对脉冲信号进行计数,这里的单位时间通常为 s;而国际单位制中转速的单位为:r/min,即计数周期为 1min,这样显得时间太长,也不太现实,为了项目实现的方便,采用红外光电直射传感器来实现,选有 60 个孔的的转盘,即每转一圈就得到

60 个脉冲信号,信号频率为实际转速的 60 倍,这样就可以采和 1s 作为计数周期,其计数结果的单位即为 r/min。

5.2.3 项目实施

1. 电路原理

光电转速仪由光电转盘、对射式光电传感器、闸门、时基信号产生电路及计数与显示装置等部分组成,其整机电路原理如图 5.14 所示。

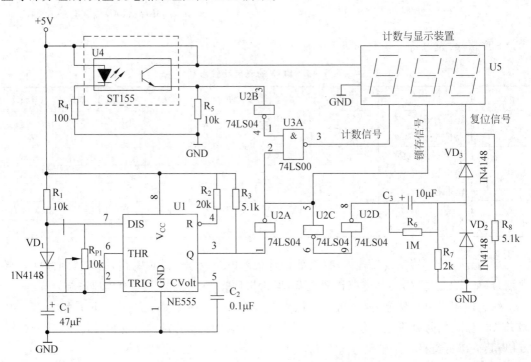

图 5.14 光电转速仪原理

图中光电转盘安装在被测转轴上,与被测轴同时转动。当光被遮住时,由光电传感器组成的检测电路输出为低电平(此时流过电阻 R_5 的电流为暗电流,非常小);当转盘上的小孔转到传感器时,光电传感器接收到光信号,输出为高电平,之后又为低电平;这样,转盘上每个小孔经过传感器时,传感器输出一个脉冲信号,每转一圈就可产生 60 个脉冲信号。此信号与时基电路产生的时基信号同时被送到闸门 U3A 输入端,如果此时时基信号为低电平,则闸门呈关闭状态,转速信号无法通过闸门加到计数器输入端。当时基电路产生的闸门信号为高电平时,打开闸门 U3A,此时转速信号加到计数器输入端;同时,闸门信号也加到由 R_6、R_7、R_8、C_3、VD_2 及 VD_3 组成的微分复位电路,在 R_8 上产生的复位脉冲使计数器清零;而且,该闸门信号也使 LE 端呈寄存状态,在时基信号为高电平期间(1s),计数器对转速信号进行计数。当时基信号变为低电平时,使闸门 U3A 关闭;该信号使锁存信号端为低电平,将计数器的计数结果送到寄存器中,并经译码器译码后由驱动电路驱动显示器显示计数结果(转速)。当第二个时基信号到来时,又重复上述过程。但在第二次计数期间,寄存器的数据将保持不变,只有当锁存信号再由高到低变化时,才将新的计数结果送入寄存器,以显示新的转速数据。

NE555 电路及外围元件组成一个多谐振荡器,闸门信号由 3 脚输出。R_{P1} 用于调节时基信号,使其闸门时间为 1s。

计数与显示装置由计数器、寄存器、译码器、驱动器及显示器五部分组成,使电路更简捷,实现起来更方便;可以采用专业模块,如 CL102,也可以采用数字电路来实现,此处不再阐述。

系统电源可采用电池供电,也可以采用 220V 市电经降压、整流、滤波后由三端稳压器7805 得到 5V 电压,电路比较简单,故此处没有给出,读者感兴趣可以自己加上去。

2. 所需材料及设备

光电直射传感器 ST155、时基集成器 NE555、与非门 74LS00、非门反相器 74LS04、电阻、电容、二极管 1N4148、5V 稳压电源、3 位数码显示管。

3. 电路制作

根据电路原理图,列出元器件清单,并选购相应的元器件进行安装。其中,传感器可以外接。若将传感器安装在电路板上,可能会影响系统安装。

4. 电路调试

电路制作完成后,即可进行电路调试工作。

(1)电源电路调试。如果自己制作电源,首先要调试电源。先检测电源对地电阻,确保无短路现象。接通电源,测量 7805 的输出电压,应为 5V 左右;否则,应检查相应电路。

(2)时基电路调试。接通电源后,用示波器观察闸门信号,通过调节 R_{P1} 使闸门信号的脉宽为 1s。

(3)传感器检测电路的调试。启动机器,用示波器观察传感器的输出信号,若没有信号或信号比实际的少,则可能是传感器安装位置过低,适当调整传感器的位置,直到输出信号正常为止。

(4)启动机器,此时数码管显示的即为被测转轴的转速。若数码管显示数据不变,则可用示波器检测送到闸门两输入端及输出端的信号,从而可以判断故障的范围,以进行检修。

5.2.4 知识链接

光耦合器件是由发光元件(如发光二极管)和光电接收元件合并而成,以光作为媒介传递信号的光电器件。光耦合器中的发光元件通常是半导体的发光二极管,光电接收元件有光敏电阻、光敏二极管、光敏三极管或光可控硅等。根据其结构和用途不同,又可分为用于实现电隔离的光耦合器和用于检测有无物体的光电开关。

1. 光耦合器

光耦合器的发光和接收元件都封装在一个外壳内,一般有金属封装和塑料封装两种。

光耦合器组合形式原理如图 5.15 所示。

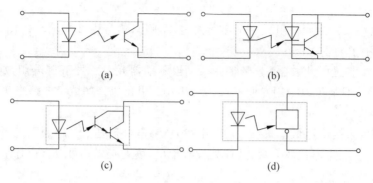

图 5.15　光耦合器组合形式原理

2. 光电开关

光电开关(光电传感器)是光电接近开关的简称,它是利用被检测物对光束的遮挡或反射,从而检测物体的有无。物体不限于金属,所有能反射光线的物体均可被检测。光电开关将输入电流在发射器上转换为光信号射出,接收器再根据接收到的光线强弱或有无对目标物体进行探测。实际应用中,光电开关一般采用波长比可见光长的红外光作为光源。光电开关一般由发射器、接收器及控制电路三部分组成。光电开关分为直射型与反射型两大类型。光电开关的结构示意图如图 5.16 所示。

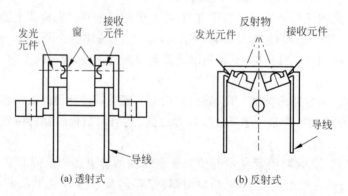

图 5.16　光电开关的结构示意图

图 5.16(a)是一种透射式的光电开关,它的发光元件和接收元件的光轴是重合的。当不透明的物体位于或经过它们之间时,会阻断光路,使接收元件接收不到来自发光元件的光,从而起到检测作用。

图 5.16(b)是一种反射式的光电开关,它的发光元件和接收元件的光轴在同一平面且以某一角度相交,交点一般即为待测物所在处。当有物体经过时,接收元件将接收到从物体表面反射的光,没有物体时则接收不到。光电开关的特点是小型、高速、非接触,而且与TTL、MOS 等电路容易结合。

常用的光电开关有以下几种。

（1）漫反射式光电开关。

漫反射式光电开关是一种集发射器和接收器于一体的传感器,当有被检测物体经过时,将光电开关发射器发射的足够量的光线反射到接收器,于是光电开关就产生了开关信号。当被检测物体的表面光亮或其反光率极高时,漫反射式的光电开关是首选的检测模式。

（2）镜反射式光电开关。

镜反射式光电开关也是集发射器与接收器于一体,光电开关发射器发出的光线经过反射镜,反射回接收器,当被检测物体经过且完全阻断光线时,光电开关就产生了检测开关信号,镜反射式光电开关示意图如图 5.17 所示。

（3）对射式光电开关。

对射式光电开关包含在结构上相互分离且光轴相对放置的发射器和接收器,发射器发出的光线直接进入接收器。当被检测物体经过发射器和接收器之间且阻断光线时,光电开关就产生了开关信号,当检测物体是不透明时,对射式光电开关是最可靠的检测模式。对射式光电开关示意图如图 5.18 所示。

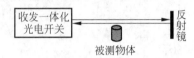

图 5.17　镜反射式光电开关示意图　　　　图 5.18　对射式光电开关示意图

（4）槽式光电开关。

槽式光电开关通常是标准的 U 形结构,其发射器和接收器分别位于 U 形槽的两边,并形成一光轴,当被检测物体经过 U 形槽且阻断光轴时,光电开关就产生了检测到的开关量信号,槽式光电开关比较安全可靠,适合检测高速变化的物体。槽式光电开关示意图如图 5.19 所示。

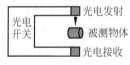

图 5.19　槽式光电开关示意图

光电开关可用于生产流水线上对产品进行记数,统计每班产量或日产量,还可用于位置检测(如流水线上的装配体有没有到位)、质量检查(如瓶盖是否压上、标签是否漏贴等),并且可以根据被测物的特定标记进行自动控制。目前,光电开关已广泛应用于自动包装机、自动灌装机、自动封装机、自动或半自动装配流水线等自动化机械装置。

以光为媒介进行耦合来传递电信号,可实现电隔离,在电气上实现绝缘耦合,因而提高了系统的抗干扰能力。由于它具有单向信号传输功能,因此适用于数字逻辑中开关信号的传输和在逻辑电路中作为隔离器件及不同逻辑电路间的接口。

5.2.5　项目总结

通过本项目的学习,应掌握以下知识重点:①光电传感器测量速度的基本原理;②用于测速的光电传感器的特点;③常见的光电测速传感器的特性。

通过本项目的学习,应掌握以下实践技能:①能根据应用场合选择合适的光电传感器;②针对所测速度范围选择合适的测量方法;③会调试速度检测电路。

项目 5.3　磁电传感器在转速测量中的应用

5.3.1　项目目标

通过本项目的学习,使学生了解磁电传感器的基本原理,熟悉磁电传感器的基本特性,掌握磁电传感器的应用电路。

利用磁电传感器设计一个转速测量仪,以数字显示转速,测速范围不大于 9 999r/min。

5.3.2　项目方案

若被测转轴上安装了由钢、铁、镍等金属或者合金材料的齿轮,则可以采用磁电传感器测量转速,如汽车发动机的转速测量。若齿轮的齿数 z 为 60,则频率数等于转速。可见,只要测量频率 f,即可得到被测转速。磁电传感器具有体积小、结实可靠、寿命长、不需电源和润滑油等优点,可在烟雾、油气、水气等恶劣环境中使用,磁电转速传感器已经成熟,这类传感器较多,如 SM-16、LZZS-60、OD9001 等。SM-16 的外形图如图 5.20 所示。

图 5.20　SM-16 外形

常用磁电转速传感器技术参数如表 5.5 所示。

表 5.5　常用磁电转速传感器技术参数

名　　称	参　　数
输出波形	近似正弦波(≥50r/min 时)
输出信号幅值	50r/min 时≥300mV,高速时可达 30V
测量范围	10～99 999r/min
使用时间	连续使用
工作环境	温度−50～+150℃
输出形式	X12K4P 四芯插头
外形尺寸	外径一般为 16mm,长度一般为 120mm
质量	100～200g(不计输出导线)
测速齿轮要求	60 齿,电工钢(高导磁材料),渐开线齿形(输出波形好)

要实现转速测量,只要对传感器输出的脉冲信号进行计数即可,由表 5.5 中参数可知,当转速达到 50r/min 时,其幅值不小于 300mV(有的磁电传感器输出幅值更高),为了能够准确计数,应对传感器输出的脉冲信号进行放大、整形(若被测转速较高,可以不进行放大),得到标准的脉冲信号,然后进行计数。

本项目以 51 系列单片机为核心来完成。利用 51 系列单片机内部的定时器/计数器对传感器输出的信号进行计数,若采用 12MHz 晶振,其计数的最高频率可达 50 000Hz,即测量的转速可达 50 000r/min(设测速齿轮有 60 个齿),完全满足系统要求。

5.3.3　项目实施

1. 电路原理

以 SM-16 磁电传感器为测速传感器的磁电转速测量仪原理如图 5.21 所示。

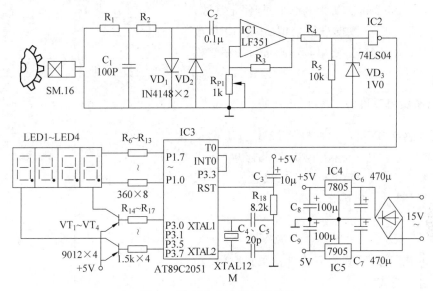

图 5.21　磁电转速测量仪原理

　　系统由传感器、信号处理电路、单片机最小系统、显示电路及电源电路组成。磁电传感器选用 SM.16。信号处理电路由低通滤波、限幅、放大、整形等电路组成,其中 R_1、R_2、C_1 构成低通滤波器,滤除高次谐波、杂波信号等;VD_1、VD_2 对输入的信号进行双向限幅,以保护 LF351 的输入级电路;由 LF351 及相关元件组成的高输入阻抗放大器,将输入信号放大到足够的幅度;LF351 输出的信号经 R_4、R_5、VD_3 进行单向限幅,并经 74LS04 反向(起到整形作用),得到标准的 TTL 电平脉冲信号,送到以 AT89C2051 为核心的单片机电路。

　　单片机系统由 AT89C2051、晶振及复位电路组成,以完成系统信号计数、数据处理及控制工作。

　　LED1~LED4、VT_1~VT_4 及 R_6~R_{17} 组成动态扫描显示电路,将测量结果在 LED1~LED4 上显示出来。

　　电源电路由变压器、整流、滤波及经三端稳压集成电路 78L05 和 79L05 组成,输出 +5V 和 -5V 电源,以提供系统电源。

2. 程序设计

　　磁电转速测量仪的程序由主程序和 T1 中断服务子程序组成(T0 工作于计数方式,其计数结果不可能溢出),主程序完成系统的初始化工作,T1 中断服务子程序产生 1s 时基信号、T0 初始化、T0 计数结果的读取及处理,以使显示形式为 r/min。程序设计时,使 T1 工作于方式 1 定时,使 P3.3 脚输出周期为 2s 的方波,送到 $\overline{INT0}$ 引脚,作为定时器 0 计数的门控信号。定时器/计数器 T0 工作于方式 1 计数,需要门控;在 $\overline{INT0}$ 为低电平期间,使 TH0、TL0 清零,运行控制位 TR0 置位,使系统工作于准备计数状态,当 $\overline{INT0}$ 变为高电平时,定时器/计数器 0(T0)开始对 T0 引脚的脉冲信号(转速信号)进行计数,当 $\overline{INT0}$ 再次变为低电平时,停止计数;取出 TH0、TL0 中的数据进行处理后,送 LED 数码管显示出具体的转速,磁电转速测量仪程序流程图如图 5.22 所示。具体程序请自己完成。

3. 所需材料及设备

磁电传感器 SM-16、单片机 AT89C2051、12M 晶振、集成运放 LF351、PNP 型硅三极管 9012、六非门反相器 74LS04、电阻、电容、二极管 1N4148、±5V 稳压电源、4 位数码显示器。

4. 电路制作

根据电路原理图,列出元器件清单,并选购相应的元器件进行安装。

5. 电路调试

电路制作完成后,即可进行电路调试工作。

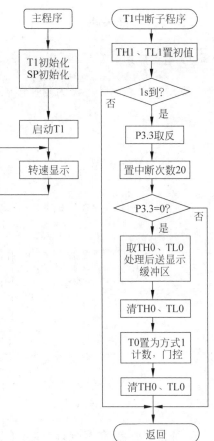

图 5.22　磁电转速测量仪程序流程框图

(1)电源电路调试,其调试方法见前面项目。

(2)传感器及检测电路的调试。启动机器,用示波器观察传感器的输出信号,若没有信号或信号比实际的小,则可调节传感器安装位置,使之与齿轮靠近些,并固定。再检测 IC1 的输入信号,观察其波形,若信号幅度低,可以调节 R_{P1},以增加放大电路增益,提高输出信号幅度。

(3)显示值校准。由于闸门时间是由定时器 T1 通过软件计数的方式实现的,其总时间不一定正好是 1s,校准的方法是用示波器或计数器测量 IC2 的输出信号频率,计算出显示值(单位为 r/min),并和实际显示值进行比较,若显示值与理论值不符,则通过调整定时时间来调节系统显示精度。

经过以上调试,系统可以进行实际的转速测量。

5.3.4　知识链接

磁电感应式传感器又称为磁电式传感器,是利用电磁感应原理将被测量(如振动、位移、转速等)转换成电信号的一种传感器。它不需要辅助电源就能把被测对象的机械量转换成易于测量的电信号,是有源传感器。由于它输出功率大且性能稳定,具有一定的工作带宽(10～1000Hz),所以得到普遍应用。

1. 磁电感应式传感器的工作原理

根据电磁感应定律,当导体在稳恒均匀磁场中,如图 5.23 所示。

沿垂直磁场方向运动时,导体内产生的感应电势为

$$e = \left| \frac{\mathrm{d}\Phi}{\mathrm{d}t} \right| = Bt \frac{\mathrm{d}x}{\mathrm{d}t} = Blv \qquad (5.8)$$

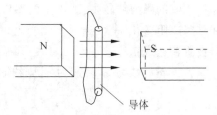

图 5.23　电磁感应定律原理

式中,B 为稳恒均匀磁场的磁感应强度;l 为导体有效长度;v 为导体相对磁场的运动速度。

当一个 N 匝线圈相对静止地处于随时间变化的磁场中时,设穿过线圈的磁通为 Φ,则线圈内的感应电势 e 与磁通变化率 $\mathrm{d}\Phi/\mathrm{d}t$ 有以下关系,即

$$e = -N \frac{\mathrm{d}\Phi}{\mathrm{d}t} \qquad (5.9)$$

根据以上原理,人们设计出两种磁电式传感器结构,即恒磁通式和变磁通式。变磁通式又称为磁阻式。

2. 恒磁通式磁电传感器

若以线圈相对磁场运动的速度 v 或角速度 ω 表示,则所产生的感应电动势 e 为

$$e = -NBlv \qquad (5.10)$$
$$e = -NBS\omega \qquad (5.11)$$

式中,l 为每匝线圈的平均长度;B 为线圈所在磁场的磁感应强度;S 为每匝线圈的平均截面积。

当结构参数确定后,B、l、N、S 均为定值,感应电动势 e 与线圈相对磁场的运动速度(v 或 ω)成正比,所以这类传感器的基本形式是速度传感器,能直接测量线速度或角速度。磁电感应式传感器只适用于动态测量。

3. 变磁通式磁电传感器

开磁路变磁通式传感器工作原理示意图如图 5.24 所示。

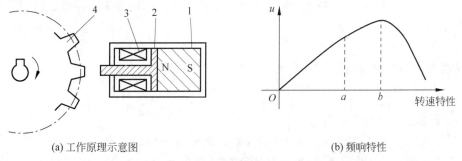

(a) 工作原理示意图　　　　　　　　　　　　　(b) 频响特性

图 5.24　开磁路变磁通式传感器工作原理示意图

1—永久磁铁;2—软磁铁;3—感应线圈;4—旋转齿轮

线圈、磁铁静止不动,测量齿轮安装在被测旋转体上,随之一起转动。当齿轮齿顶对准线圈时,有较多的磁力线穿过线圈,线圈上的感应电动势比较大;而当齿谷对准线圈时,则穿过线圈的磁力线较少,线圈上的感应电动势比较小,这样齿轮每转动一个齿,齿的凹凸引起磁路磁阻变化一次,磁通也就变化一次,线圈中产生感应电势的大小也随其改变,其频率与被测转速成正比。

若齿轮齿数为z,转速为n,则线圈中感应电动势的频率f为

$$f = \frac{nz}{60} \quad (\text{r/min}) \tag{5.12}$$

若齿轮的齿数z为60,则$f = z$。可见,只要测得频率f,即可得到被测转速。

磁电传感器结构简单,但输出信号较小,且因高速轴上加装齿轮较危险而不宜测量高转速。

闭磁路变磁通式传感器工作原理示意图如图5.25所示。

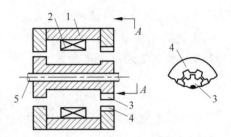

它由装在转轴上的内齿轮和外齿轮、永久磁铁和感应线圈组成,内、外齿轮齿数相同。当转轴连接到被测转轴上时,外齿轮不动,内齿轮随被测轴转动,内、外齿轮的相对转动使气隙磁阻产生周期性变化,从而引起磁路中磁通的变化,使线圈内产生周期性变化的感应电动势。显然,感应电势的频率与被测转速成正比。线圈2和磁铁1静止不动,

图5.25 闭磁路变磁通式传感器工作原理示意图
1—永久磁铁;2—感应线圈;
3—内齿轮;4—外齿轮;5—转轴

测量齿轮(导磁材料制成)每转过一个齿,传感器磁路磁阻变化一次,线圈2产生的感应电动势的变化频率等于测量齿轮上齿轮的齿数和转速的乘积。

变磁通式传感器对环境条件要求不高,能在$-150 \sim +90$℃的温度下工作,不影响测量精度,也能在油、水雾、灰尘等条件下工作。但它的工作频率下限较高,约为50Hz,上限可达100Hz。

5.3.5 项目总结

通过本项目的学习,应掌握以下知识重点:①磁电传感器的基本原理;②磁电传感器的基本参数;③常见的磁电传感器的特性。

通过本项目的学习,应掌握以下实践技能:①针对所测速度范围选择合适的测量方法;②会调试磁电转速测量电路。

阅读材料7 传感器的最新发展

1. 传感器的市场发展前景

随着工业数字化、智能化发展,传感器在行业发展中的应用越来越广泛。近年来我国传感器市场发展也比较迅猛,增速超过了15%。但专家表示,目前我国传感器技术并不成熟,在国际竞争中不占优势。工信部电子元器件行业发展研究中心总工程师郭源生

指出,2015年全球传感器市场达到1 770亿美元,未来5年内,全球传感器复合年增长率预计将超过10%。随着人们对健康问题的重视,健康照护功能的传感器技术越发受到人们的重视。

《2014—2018年中国传感器行业预测及投资策略研究报告》表明,尽管中国的传感器行业发展迅速,但现阶段我国市场主要应用的传感器绝大部分仍依赖进口,其中数字化、智能化、微型化等高新技术产品严重短缺。国内从事传感器的研制、生产和应用的企事业单位大约有1 688家,从事MEMS研制生产的仅有50多家,且规模和应用领域都较小。传感器市场被德国、美国、日本等工业国家所主导,有些企业的年生产能力达到几千万只甚至几亿只。目前,中国的传感器产品大约有6 000种,然而国外已达20 000多种,根本满足不了国内市场的需求。其中,中、高端的传感器进口比例达80%之多,而传感器芯片的进口更是达到了90%,传感器国产化缺口相当巨大。同时,国内传感器的应用范围狭窄,其应用更多的是停留在工业测量与控制等基础领域。由此,中国传感器市场竞争相当激烈。

2. 传感器技术的发展方向

(1) 智能化。传感器将由单一检测、单一功能对象向多功能、多变量检测方向发展,由信号转换的被动形式向主动信息处理发展,由单独的元器件向网络化、系统化方向发展。智能化未来将从两个方向齐头并进:一是多种传感功能与数据处理、双向通信、数据存储等的集成;二是软传感技术,即将智能传感器和人工智能相结合。

(2) 网络化。网络化传感器则是以嵌入式微处理器为核心,集成了传感器、网络接口和信号处理器的新一代传感器。网络接口的应用,为系统的扩充提供极大方便,降低了现场布线的复杂性,同时减少了电缆数量。特别是无线传感网技术应用,促进传感器的可移动化发展。克服节点资源限制,满足传感器网络容错性、扩展性等要求是无线传感网技术的关键。

(3) 微型化。伴随着集成微电子机械加工技术的日益成熟,传感器的生产制造将半导体加工工艺引入到MEMS传感器的生成中,实现其规模化生产,同时为传感器微型化发展提供了关键的技术支持。MEMS具有体积小、功耗低、性能稳定等优点,被认为是继微电子之后又一个对国民经济和军事具有重大影响的技术领域。

(4) 集成化。借鉴混合集成工艺,将微传感器、微执行器、微驱动器以及信号处理器和控制电路、通信、接口和电源等组成一体化系统。传感器集成化包括两类:一类是同类型多个传感器的集成;另一类是多功能一体化。

(5) 多样化。随着新材料技术的突破,传感器将涌现出更多新型种类,传感器性能的优劣更多地取决于其材料的好坏,新型敏感材料将是传感器的技术基础。

阅读材料8　传感器的最新应用

1. 传感器在智能穿戴设备上的应用

近几年各种智能穿戴设备兴起,其中智能手环、腕表甚至是智能服装的形式也是多种多样。但究其根本,在于传感器的不同。目前主流智能手环所用的传感器有意法半导体公司的 LIS3DH、BoschSensortec 公司的 BMA250、ADI 公司的 ADXL362、InvenSence 公司的 MPU6500 等。这些传感器几乎都集成了陀螺仪和加速度传感器,陀螺仪用于测量角速度,加速度传感器则用于测量线性加速度,两者结合可以实现对人体睡眠、日常运动强度等监测操作。

而且定位更高端的一些手环,还搭载有心率传感器,内置有 GPS。心率传感器能够读取用户运动时的心跳频率,比如目前很火的 AppleWatch。这种传感器可发射 LED 绿光照射皮肤,再通过光敏二极管检测血液对绿光的吸收,从而判断血管的血流量,进一步了解心脏的运动频率。内置有 GPS 的专用运动手表,可精确捕捉运动者位置,实现测距、测时间,根据公式计算速度等专业运动功能。相比于一般的运动手环、智能手表,它可以获得更加精确的数据。

2. 传感器在智能家居中的应用

智能家居与普通家居相比,不仅具有传统的居住功能,还兼备信息家电、设备自动化,提供全方位的信息交互功能。而这些功能的实现几乎都需要大量的传感器作为支持。传感器在智能家居中的应用包括:居家安全与便利,如安防监视、火灾烟雾检测、可燃和有毒气体检测等;节能与健康环境,如光线明亮检测、温湿度控制、空气质量等。

在居家安全方面,市面上推出的传感器有小米公司的小米门窗传感器和 Loopabs 公司的"notion"传感器。前者可以监控门窗的开关状态,后者可以识别门的开关与否,同时还能监听烟雾警报及门铃。在居家节能与健康环境方面,智慧云谷推出系列能检测出精确数值的家用无线自动组网空气质量传感器,能够检测损害健康的甲醛、苯、一氧化碳等 10 几种气体及家中的温湿度并实时显示,且可以根据检测的结果对通风、加氧、除湿等进行自动调整。

3. 传感器在智能交通中的应用

传感器在智能交通系统里,就如同人的五官一样,发挥着极其重要的作用。例如,采用多目标雷达传感器与图像传感器的技术目前已经在智能交通领域崭露头角,传感器配合相机,可以在一张图片上同时显示多辆车的速度、距离、角度等信息,有效地监控道路车辆状况。同时,随着智能城市的兴起,车流量雷达、2D/3D 多目标跟踪雷达也逐渐普及。作为系统眼睛的传感器,实时搜集道路交通状况,以便更好地控制车流显得越发重要。

未来车辆排放法规、燃油的效能都将成为智能交通行业的驱动力,而传感器也将在这些领域发挥重要的作用。在提高汽车燃油能效方面,新一代智能型的液压泵使用一个位置传感器实现对检测液压泵挡板的位置检测,从而较传统泵节省 15% 的燃油。

复习与训练

5.1 测量速度的方法有哪些?

5.2 测量速度的传感器有哪些?各有什么特点?分别用于什么场合?

5.3 什么是霍尔效应?霍尔传感器的输出霍尔电压与哪些因素有关?

5.4 光电传感器用于测量转速有哪些方案?

5.5 霍尔传感器的工作原理是什么?

5.6 霍尔开关传感器分为哪些类型?

附 录 程序下载流程

在本书中,完成了项目的硬件安装之后,需要将编写好的程序文件下载到单片机内。具体步骤如下。

(1) 打开 μVision Keil 软件,生成 HEX 文件。

打开 μVision Keil 软件,如图 A.1 所示。

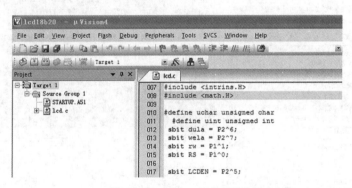

图 A.1 μVision Keil 界面

单击 图标,打开输出设置界面,如图 A.2 所示。勾选"Create HEX File"选项。单击 OK 按钮即可。

单击 μVision Keil 软件的 图标,完成程序的编译,并且生成 HEX 文件。

(2) 程序下载与烧录。

完成程序的编译之后,需要将 HEX 文件下载到单片机内。具体步骤如下。

① 首先将单片机连接到计算机上,使用 USB 接口即可。单击打开 stc-isp-15xx-v6.85 STC-ISP 软件,完成程序下载过程。

② 然后选择单片机的型号与串口号,如图 A.3 所示。

在本书中,单片机的型号主要为 STC89C52RC/LE52RC。串口号的选择要与笔记本电脑一致,并非一定如图所示是 COM3,具体在安装驱动,右击"我的电脑",选择"属性"命令,选择"设备管理器"→"端口(COM 和 LPT)",与"USB-SERIAL CH340"一致。

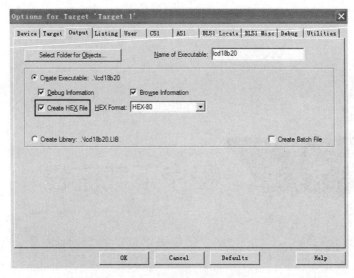

图 A.2　输出设置界面

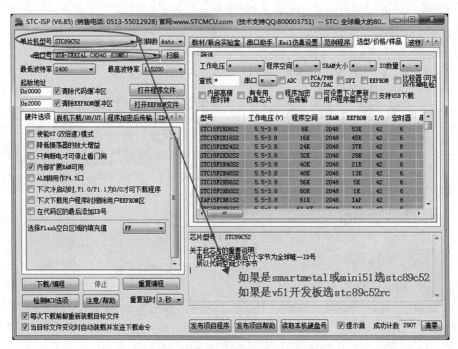

图 A.3　选择单片机的型号与串口号界面

这两个地方确认无误,会出现图 A.4 所示界面。

串口打开失败的错误,要么是没有安装驱动 ch340,要么是没有选择正确的 COM 口,用上述方法即可查看。

以上设置完成之后,需要打开程序文件,界面如图 A.5 所示。

单击"打开程序文件"按钮,出现图 A.6 所示界面,为程序文件选择界面。选择需要下载的 HEX 文件。

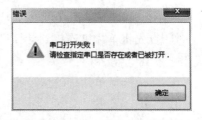

图 A.4　串口打开失败界面

图 A.5　打开程序文件界面

图 A.6　程序文件选择

然后单击"下载"按钮,如图 A.7 所示。

单击完"下载"按钮后,当出现图 A.8 所示界面,则认为程序文件已经下载完成。

经过以上步骤,程序下载完成。

图 A.7　单击"下载"按钮

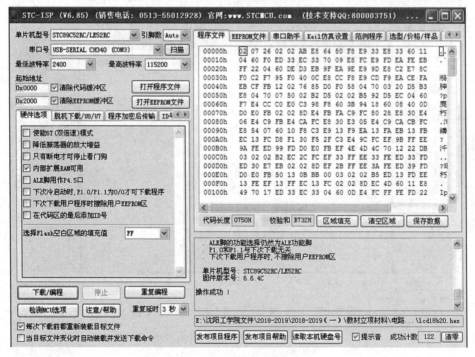

图 A.8　程序下载完成界面

参 考 文 献

［1］ 朱晓青,凌云,袁川来.传感器与检测技术.2版[M].北京:清华大学出版社,2020.
［2］ 周润景,李茂泉.常用传感器技术及应用.2版[M].北京:电子工业出版社,2020.
［3］ 胡向东.传感器与检测技术.3版[M].北京:电子工业出版社,2020.
［4］ 张青春,李洪海.传感器与检测技术实践训练教程[M].北京:机械工业出版社,2019.
［5］ 张建奇,应亚萍.检测技术与传感器应用[M].北京:清华大学出版社,2019.
［6］ 汤平,邱秀玲.传感器技术及应用[M].北京:电子工业出版社,2019.
［7］ 耿欣,乔莉,胡瑞,等.传感器与检测技术[M].北京:清华大学出版社,2014.